DICTIONNAIRE

DES

SCIENCES NATURELLES.

PLANCHES.

ZOOLOGIE: VERS ET ZOOPHYTES.

STRASBOURG, DE L'IMPR. DE F. G. LEVRAULT.

DICTIONNAIRE
DES
SCIENCES NATURELLES.

Planches.

2.e PARTIE : RÈGNE ORGANISÉ.

Zoologie.

VERS ET ZOOPHYTES,

PAR

M. DUCROTAY DE BLAINVILLE,

Membre de l'Académie royale des sciences de l'Institut ; Professeur au Jardin du Roi ; Professeur d'anatomie, de physiologie comparées et de zoologie à la Faculté des sciences de Paris, etc.

PARIS,

F. G. LEVRAULT, LIBRAIRE-ÉDITEUR, rue de la Harpe, n.° 81,
Même maison, rue des Juifs, n.° 33, à STRASBOURG.

1816 — 1830.

TABLES DES PLANCHES

DU

DICTIONNAIRE DES SCIENCES NATURELLES.

ZOOLOGIE.

VERS.

N.o d'ordre.	FAMILLES.	GENRES ET ESPÈCES.	RENVOI AU TEXTE. Tome.	RENVOI AU TEXTE. Page.	N.o du cahier.
		CHÉTOPODES.			
1	SERPULIDÉS......	Serpule vermiculaire......	48 57	553 429	57
		Spirorbe nautiloïde.......	50 57	301 429	
		Vermilie triquètre........	57 57	329 430	
		Galéolaire en touffe......	57	431	
2	SABELLARIÉS.....	Cymospire géante........	57	431	56
		Amphitrite porte-vent....	2 57	76 434	
		Idem de Spallanzani......	2 57	76 434	
3	*Idem*..........	Pectinaire dorée.........	38 57	200 436	56
		Idem égyptienne.........	38 57	200 437	
4	*Idem*..........	Sabellaire alvéolée........	46 57	486 435	59
		Térébelle coquillière......	2 53 57	80 117 438	
5	*Idem*..........	*Idem* Méduse............	53 57	117 438	56
		Idem papilleuse..........	2 53 57	82 119 438	
6	ARÉNICOLES......	Arénicole des Pêcheurs...	2 57	473 447	55
		Clymène amphistome.....	9 57	447 445	
7	AMPHINOMES.....	Amphinome jaune.......	2 57	71 450	55
		Idem alcyonienne........	2 57	71 451	

N.° d'ordre.	FAMILLES.	GENRES ET ESPÈCES.	RENVOI AU TEXTE. Tome.	Page.	N.° du cahier.
8	AMPHINOMES	Euphrosine laurifère......	32 57	16 453	55
		Aristénie cachée.........	57	453	
9	APHRODITÉS	Aphrodite hérissée.......	2 57	282 456	56
		Hermione hispide........	57	457	
10	*Idem*..........	Eumolpe vésiculeuse......	57	458	56
		Idem scolopendrine......	57	459	
		Idem très-longue	57	459	
11	*Idem*..........	*Idem* épineuse	57	459	56
		Idem écailleuse..........	57	458	
12	*Idem*..........	Phyllodoce maxillée......	40 57	108 461	57
13	NÉRÉIDÉS........	Néréiphylle de Paretto ...	57	466	57
		Idem verte..............	57	466	
		Étéone épaisse	34 57	447 466	
14	*Idem*..........	Néréide messagère........	34 57	433 470	56
		Idem armillaire	34 57	436 470	
15	*Idem*..........	*Idem* antennine..........	34 57	426 469	56
		Idem sanguine...........	34 57	428 469	
16	*Idem*..........	Aglaure éclatante........	34 57	429 481	56
		OEnone brillante.........	57	491	
17	*Idem*..........	Hésione éclatante........	34 57	443 481	55
		Syllis monilaire..........	34 57	441 473	
18	*Idem*..........	Nephtys de Homberg.....	34 57	438 483	57
		Néréiphylle stellifère.....	57	467	
19	*Idem*..........	Glycère douteuse.........	34 57	451 484	58
		Spio séticorne...........	34 57	448 441	
20	NÉRÉISCOLÉS.....	Lombrinère brillant......	57	486	57
		Idem scolopendre........	57	486	
		Idem de Pallas..........	57	486	
21	*Idem*..........	Cirrinère filigère.........	57	488	57
		Siphostome diplochaïte ...	49 57	301 494	
22	LOMBRICINÉS.....	Lombric terrestre........	27 57	162 495	57

N.o d'ordre.	FAMILLES.	GENRES ET ESPÈCES.	RENVOI AU TEXTE. Tome.	RENVOI AU TEXTE. Page.	N.o du cahier.
23	Lombricinés	Naïs digitée............	34 57	131 498	57
24	*Idem*	*Idem* littorale..........	34 57	129 498	57
		Idem élingue...........	34 57	131 498	
		Idem proboscidale	34 57	130 498	
		Idem élingue tronquée....	34 57	127 498	
25	*Idem*	Scolople armé..........	57	493	58
		Tubifex marin	56 57	19 497	
		Lombric des sables.......	27 57	163 495	
		Cirratule boréal..........	57	490	
		Tubifex des ruisseaux....	56 57	18 497	
26	Échiurés.......	Sternaspis thalassémoïde ..	57	501	58
		Siponcle élégant.........	49 57	305 554	

APODES.

N.o d'ordre.	FAMILLES.	GENRES ET ESPÈCES.	Tome.	Page.	N.o du cahier.
27	Onchocéphalés ..	Polystome de Delaroche..	26 42	509 442	51
		Idem très-entier..........	26 42 57	509 441 572	
		Idem pinguicole	26 42 57	509 441 572	
		Prionoderme ascaroïde....	43 57	532 534	
		Polystome tænioïde.......	26 42 57	511 441 532	
		Tétragule de Bosc........	26 57	509 532	
		Nettorhynque rare.......	S.	—	
28	Oxycéphalés.....	Filaire grêle.............	17 57	7 536	54
		Idem Dragonneau........	17 57	5 536	
		Trichosome infléchi	55 57	240 538	
		Oxyure de l'homme......	37 57	188 539	

N.° d'ordre.	FAMILLES.	GENRES ET ESPÈCES.	RENVOI AU TEXTE. Tome.	RENVOI AU TEXTE. Page.	N.° du cahier.
28	Oxycéphalés....	Hamulaire subcomprimé .	20 57	258 549	54
		Trichocéphale de l'homme.	55 57	208 538	
29	*Idem*..........	*Idem* hérissé...........	55 57	207 538	52
		Strongle armé...........	51 57	128 543	
		Télazie de Rhodes.......	53 57	440 547	
		Ascaride lombricoïde.....	57	541	
		Strongle géant...........	51 57	129 543	
		Ascaride crénelé.........	57	540	
30	*Idem*..........	Ophiostome sphérocéphale.	36 57	204 540	52
		Idem mucroné...........	36 57	203 540	
		Liorhynque denticulé.....	27 57	7 548	
		Physaloptère clos........	57	545	
		Trichocéphale noduleux...	55 57	207 538	
		Spiroptère strongylin.....	57	546	
		Cucullan élégant.........	12 57	141 542	
31	Échinocéphalés..	Échinorhynque du rat....	14 57	204 550	51
		Idem de la baleine......	14 57	208 551	
		Idem géant.............	14 57	209 550	
		Idem pyriforme..........	14 57	204 550	
		Idem à queue...........	14 57	204 550	
		Idem sphérocéphale......	14 57	204 550	
		Idem noduleux..........	14 57	204 550	
		Idem le même..........	14 57	204 550	
32	Siponculés......	Siponcle nu.............	49 57	309 554	57
		Idem microrhynque......	49 57	310 554	

N.° d'ordre.	FAMILLES.	GENRES ET ESPÈCES.	RENVOI AU TEXTE. Tome.	Page.	N.° du cahier.
32	SIPONCULÉS......	Siponcle macrorhynque...	49 57	310 554	57
		Idem édule............	49 57	310 554	
33	*Idem*..........	*Idem* phalloïde..........	49 57	311 554	58
		Idem en massue.........	49 57	312 554	
		Idem commun...........	49 57	312 554	
		Idem de Gênes..........	49 57	313 554	
		Idem tuberculé..........	49 57	313 554	
34	HIRUDINÉS......	Branchiobdelle de la torpille	57	556	53
		Sangsue épineuse	47	241	
		Idem lisse..............	47	243	
		Idem à bandelettes.......	47	243	
		Idem géomètre	47	244	
		Idem de Dutrochet.......	47 57	246 559	
35	*Idem*..........	*Idem* noire..............	47	249	53
		Idem sanguisorbe	47	252	
		Idem du Nil............	47 57	257 563	
36	*Idem*..........	*Idem* médicinale grise....	47	254	53
		Idem médicinale verte....	47	254	
		Idem médicinale marquetée	47	255	
		Idem de Provence	47	254	
		Idem de Verbano........	47	256	
		Idem vulgaire	47	259	
		Idem atomaire..........	47	261	
37	*Idem*..........	*Idem* aplatie	47	263	53
		Idem bioculée..........	47	265	
		Idem trioculée..........	47	267	
		Idem céphalote..........	47	266	
		Idem pulligère	47	266	
		Idem cloporte	47 57	264 565	
		Idem de l'hippoglosse....	47	269	
		Idem grosse.......	47	270	
		Polyrhyse de Delaroche ..	57	571	
		Capsale rouge	57	569	
38	NEMERTÉS......	Borlasie d'Angleterre....	57	575	57
		Cérébratule bilinéé......	57	574	
		Tubulan polymorphe....	57	574	
		Idem élégant..........	57	574	

N.° d'ordre.	FAMILLES.	GENRES ET ESPÈCES.	RENVOI AU TEXTE. Tome.	Page.	N.° du cahier.
39	Cylindrariés....	Bonellie verte..........	57	576	58
40	Apodes.........	Prostome clepsinoïde......	57	577	61
		Dérostome notops........	57	577	
		Idem linéaire..........	57	578	
		Idem leucopse..........	57	577	
		Idem squale...........	57	577	
		Idem gros............	57	577	
		Idem plature..........	57	577	
		Idem polygastre........	57	577	
		Planaire verdâtre.......	41 57	207 578	
		Idem noire...........	41 57	213 578	
		Idem lactée...........	41 57	212 578	
		Idem subtentaculée......	41 57	211 578	
		Idem trémellaire........	41 57	217 578	
		Idem cornue...........	41 57	210 578	
		Idem terrestre.........	41 57	215 578	
		Idem brune...........	41 57	211 578	
		Planocère de Gaimard....	57	579	
41	Porocéphalés....	Monostome Botte........	32 57	487 582	54
		Fasciole hépatique.......	16 57	200 585	
		Idem de Brongniart.....	16 57	198 585	
		Monostome caryophyllin..	32 57	487 582	
		Fasciole laurinée........	16 57	198 585	
		Hirudinelle en massue...	57	586	
		Fasciole échinée.........	16 57	203 585	
		Amphistome longicolle...	57	582	
		Amphistome bonnet......	57	582	
		Idem du dauphin........	57	582	
		Giroflée changeante......	18	497	
42	Intestinaux.....	Dibothriorhynque du lépidope................	57	589	52
		Gymnorhynque rampant..	57	590	

N.° d'ordre.	FAMILLES.	GENRES ET ESPÈCES.	RENVOI AU TEXTE. Tome.	Page.	N.° du cahier.
42	Intestinaux.....	Tétrarhynque discophore..	53 57	317 591	52
		Anthocéphale macroure...	27 57	541 594	
		Floriceps de Cuvier......	17 57	157 593	
43	*Idem*..........	Ténia de l'homme.......	53 57	72 598	52
		Idem marteau...........	53 57	71 598	
44	Bothriocéphalés.	*Idem* plissé.............	53 57	44 598	54
		Idem villeux...........	53 57	44 598	
		Idem crassicolle.........	53 57	77 598	
		Cysticerque fasciolaire ...	12 57	419 601	
		Idem ténuicolle..........	12 57	419 601	
		Idem celluleux..........	12 57	419 601	
		Cœnure cérébral.........	7 57	398 603	
45	Intestinaux.....	Échinocoque de l'homme..	57	603	52
		Idem de l'homme, grossi.	57	603	
		Idem des animaux.......	57	603	
		Ditrachycère rude........	13	369	
		Schisture de Redi........	48	79	
		Hydromètre à grappes....	22	243	
46	Bothriocéphalés.	Massète polymorphe.....	29 57	301 606	52
		Tentaculaire papilleux....	53	94	
		Bothriocéphale auricule...	5 S. 57	47 610	
		Bothridie du pithon......	57	609	
		Ligule très-simple........	57	611	
47	*Idem*..........	Bothriocéphale de l'homme.	5 S. 57	47 610	54
48	Intestinaux.....	*Idem* couronné..........	5 S. 57	47 610	52
		Idem corolle.............	5 S. 57	47 610	
		Triænophore noduleux....	57	596	

FIN DE LA TABLE DES VERS.

TABLE
ALPHABÉTIQUE DES PLANCHES DES VERS.

(Le chiffre indique l'ordre de la planche.)

TABLE DES PLANCHES

DU

DICTIONNAIRE DES SCIENCES NATURELLES.

ZOOLOGIE.

ZOOPHYTES.

N.º d'ordre.	FAMILLES.	GENRES ET ESPÈCES.	RENVOI AU TEXTE. Tome.	Page.	N.º du cahier.
1	Physogastres....	Physale ordinaire........	40 60	121 103	61
2	Physogrades....	Rhizophyse filiforme.....	45 60	392 108	60
		Physsophore muzonème...	40 60	152. 105	
		Rhizophyse hélianthe (sous le nom de *Rhodoph. héliant.*)	60	112	
		Hippopode jaune (sous le de nom *Protomédée jaune*)	60	110	
3	Physsophoriens..	Stéphanomie grappe....	50 60	507 109	60
4	Diphydes.......	Amphiroa ailée..........	60	121	61
		Nacelle sagittée	34 60	108 510 120	
		Calpé pentagone.........	60	122	
		Abylé trigone	60	123	
		Ennéagone hyalin........	60	121	
		Cuboïde vitré...........	60	120	
5	*Idem*..........	Diphye de Bory.........	60	123	61
6	Ciliogrades.....	Ceste de Vénus.........	60	139	60
		Béroë ovale	60	131	
		Callianire triploptère.....	60	137	
7	Infusoires......	Bracchion urcéolaire.....	60	147	61
		Idem plicatile..........	60	147	
		Idem strié.............	60	147	
		Idem bractée...........	60	148	
		Idem patelle...........	60	147	
		Furculaire revivifiable....	60	151	
		Vorticelle hémisphérique..	58 60	496 153	
		Idem sociale...........	58 60	494 153	

N.° d'ordre.	FAMILLES.	GENRES ET ESPÈCES.	RENVOI AU TEXTE. Tome.	RENVOI AU TEXTE. Page.	N.° du cahier.
7	INFUSOIRES	Vorticelle trompette	58 60	494 154	61
		Urcéolaire appendiculée	56	313	
		Idem cirrheuse	56	313	
		Idem nèfle	56	313	
		Vaginicole locataire	56	427	
		Folliculine ampoule	17	195	
8	*Idem*	Paramécie aurélie	37 60	523 158	61
		Bursaire troncatelle	5 S. 60	137 163	
		Idem hirondeau	5 S. 60	137 163	
		Kolpode coucou	24 60	491 163, 164	
		Idem pintade	24 60	491 163	
		Leucophre verdâtre	26 60	156 160	
		Idem noduleuse	26 60	156 160	
		Trichode canard	55 60	220 159	
		Idem mélitée	55 60	220 159	
		Idem pourprée	55 60	220 159	
		Idem versatile	55 60	220 160	
		Idem orangée	55 60	220 159	
		Idem bipide	55 60	220 159	
		Idem lièvre	55 60	220 159	
		Idem toupie	55 60	221 159	
		Idem bâillante	55 60	223 159	
		Cercaire podure	7 60	437 165	
		Idem hérissée	7 60	437 165	
		Idem catelle	7 60	437 165	
		Paramécie océanique	37 60	522 158	

N.° d'ordre.	FAMILLES.	GENRES ET ESPÈCES.	RENVOI AU TEXTE. Tome.	Page.	N.° du cahier.
9	INFUSOIRES......	Monade atome...........	32 60	430 162	61
		Idem pulviscule..........	32 60	430 162	
		Idem œil...............	32 60	430 162	
		Idem grappe	32 60	429 162	
		Volvoce point...........	58 60	487 160	
		Idem grain.............	38 60	487 160	
		Idem grésil.............	38 60	486 160 161	
		Idem globuleux.........	38 60	487 160	
		Idem végétant..........	38 60	488 160 161	
		Gonium pectoral	60	167	
		Cyclide noirâtre (se trouve être une *Planaire*).....	12 60	284 161	
		Protée rameux..........	43 60	398 165	
		Idem tenace............	43 60	398 165	
		Enchélide verte.........	14 60	449 166	
		Idem cheville..........	14 60	449 166	
		Idem papille...........	14 60	449 166	
		Idem larve.............	14 60	449 166	
10	HOLOTHURIE.....	Holothurie tubuleuse.....	21 60	316 174	59
11	ÉCHINIDES	Spatangue violet.........	50 60	87 182	60
12	*Idem*.........	Ananchite ovale.........	2 S. 60	40 187	55
		Galérite globuleuse......	18 60	86 204	
		Nucléolite Patelle.......	35 60	213 188	
13	*Idem*.........	Clypéastre rosacé........	9 60	448 197	61

N.o d'ordre.	FAMILLES.	GENRES ET ESPÈCES.	RENVOI AU TEXTE. Tome.	Page.	N.o du cahier.
14	Échinides......	Oursin comestible........	37 60	85 209	60
15	*Idem*..........	Étoile de mer ordinaire..	3	261	
16	Stellérides.....	Ophiure annuleuse.......	36 60	213 225	59
17	*Idem*..........	Euryale à côtes lisses.....	16 60	45 227	61
18	*Idem*..........	Comatule de l'adéone....	10 60	109 230	59
19	*Idem*..........	Encrine d'Europe........	14 60	458 234	60
20	Polypiers	*Idem* à panache.........	14 60	458 234	36
		Idem lys-de-mer.........	14 60	458 234	
		Astropode élégante.......	3 S.	74	
		Encrine de Godon.......	14 60	458 234	
		Marsupites Mantelli......	29 60	244 244	
21	Médusaires.....	Eudore onduleuse........	15 60	526 250	58
22	*Idem*..........	Carybdée périphylle......	60	253	58
		Phorcinie cudonoïde......	40 60	2 252	
		Eulymène cyclophylle....	15 60	537 252	
23	*Idem*..........	Bérénice euchrome.......	42 60	391 254	58
		Équorée cyanée..........	15 60	142 255	
24	*Idem*..........	Orythie verte...........	36 60	513 260	58
		Dyanée Gabest..........	60	261	
		Géronye tétraphylle......	60	261	
25	*Idem*..........	Favonie octonème	16 60	297 262	58
		Lymnorée trièdre........	27 60	437 262	
		Cyanée Labiche	12 60	260 269	
26	*Idem*..........	Cassiopée frondescente ...	7 60	229 263	59
		Mélicerte perle..........	29 60	521 260	
		Obélie sphéruline........	35 60	272 257	

N.° d'ordre.	FAMILLES.	GENRES ET ESPÈCES.	RENVOI AU TEXTE. Tome.	Page.	N.° du cahier.
27	Médusaires	Aurélie labiée	60	263	58
28	*Idem*	*Idem* crénelée	60	264	58
29	*Idem*	Rhizostome de Cuvier	45	398	58
			60	267	
		Cephée Guérin	7	414	
			60	267	
30	Arachnodermaires	Vélelle large	57	217	60
			60	272	
		Idem oblongue	57	217	
			60	272	
31	Médusaires	Porpite géante	43	70	58
			60	173	
		Idem glandifère	43	70	
			60	273	
32	Zoanthaires	Actinie verte	1	246	59
			1 S.	52	
			60	291	
33	*Idem*	Corticifère glaréole	60	297	60
		Zoanthe de Solander	59	350	
			60	295	
		Mamillifère auriculée	28	474	
			60	295	
		Lucernaire auricule	27	260, 261	
			60	283	
34	Madréporés	Cyclolite numismale	60	301	36
		Fongie patellaire	17	216	
			60	303	
		Idem limace	17	216	
			60	303	
35	*Idem*	Cellépore oculée	7	353	61
			60	408	
		Distichopore violet	42	394	
			60	381	
		Millépore cervicorne	31	82	
			60	393	
		Caryophyllie en gerbe	7	195	
			60	311, 312	
		Porite multicaule	43	49	
			60	362	
		Caryophyllie gobelet	7	194	
			60	310	
		Idem glabrescente	7	194	
			60	310	
		Astrée rayonnante	42	378	
			60	334	

N.° d'ordre.	FAMILLES.	GENRES ET ESPÈCES.	RENVOI AU TEXTE. Tome.	Page.	N.° du cahier.
36	MADRÉPORÉS.....	Pavonie laitue...........	38	167	61
			60	330	
		Échinopore rosette (sous le nom d'*Échinastr. à rosette*)	60	344	
		Agarice contournée.......	60	326	
		Méandrine labyrinthiforme	29	376	
			60	323	
		Explanaire entonnoir	16	81	
			60	353	
37	*Idem*..........	Monticulaire feuille	32	498	36
			60	328	
		Turbinolie sillonnée......	56	93	
			60	307	
38	*Idem*..........	Oculine rose............	35	355	36
			60	346	
		Millépore corne-d'Élan...	31	81	
			60	356	
		Sériatopores piquant......	48	495	
			60	362	
39	*Idem*..........	Pocillopore corne-de-daim.	42	47	36
			60	363	
		Madrépore abrotanoïde....	28	7	
			60	354	
		Porite de Péron	43	49	
			60	362	
40	TUBIPORES.......	Caténipore escharoïde.....	7	269	34
			60	318	
		Tubipore pourpre........	56	25	
			60	464	
		Tubulipore foraminulé....	56	33	
			60	390	
		Favosite de Gothland	16	297	
			60	367	
		Styline échinulée........	51	182	
			60	317	
		Sarcinule perforée........	47	351	
			60	314	
41	ACTINAIRES et ESCHARES.......	Diastopore foliacée.......	42	392	35
			60	395	
		Hippalime fongoïde......	21	171	
			60	503	
		Pélagie bouclier.........	38	279	
			60	270	
		Montlivaltie caryophyllie.	32	503	
			60	302	
		Tilésie tortueuse.........	54	365	
			60	380	

N.° d'ordre.	FAMILLES.	GENRES ET ESPÈCES.	RENVOI AU TEXTE. Tome.	RENVOI AU TEXTE. Page.	N.° du cahier.
41	ACTINAIRES et ESCHARES	Turbinolopse ochracé.....	56 60	94 309	35
42	ACTINAIRES, MILLÉPORÉS et TUBIPORÉS	Chenendopore fongiforme.	42 60	391 505	33
		Chrysaore corne-de-daim..	42 60	392 379	
		Eudée en massue	42 60	393 502	
		Eunomie rayonnante	42 60	393 367 368	
		Favosite Alcyon	16 60	298 367	
43	FORAMINÉS LAMELLEUX.........	Alecto dichotome........	42 60	390 428	28
		Alvéolite madréporacée...	1 16 60	557 103 369	
		Apseudésie crêtée........	42 60	391 373	
		Bérénice du déluge	42 60	391 410	
		Caténipore escharoïde.....	7 60	269 318	
		Cyclolite hémisphérique ..	60	301	
44	MADRÉPORÉS.....	Verticillite d'Ellis........	58	5	52
		Rubule de Soldani.......	46 60	396 391	
		Nubéculaire lucifuge.....	35	210	
45	CARYOPHYLLAIRES MILLÉPORES...	Spiropore élégant	50 60	300 380	35
		Théonée chlatrée.........	53	470	
		Vinculaire fragile........	58 60	214 418	
		Turbinolie déprimée......	56 60	91 307	
		Térébellaire très-rameuse..	53 60	112 374	
		Idem antilope	53 60	112 374	
46	FORAMINÉS......	Intricarie d'Ellis.........	23 60	546 420	25
		Idmonée triquètre........	22 60	564 384	
		Hornère hyppolite........	21 60	432 384	

N.° d'ordre.	FAMILLES.	GENRES ET ESPÈCES.	RENVOI AU TEXTE. Tome.	Page.	N.° du cahier.
46	Foraminés......	Lichénopore turbinée....	26 60	257 372	25
		Idmonée échelonnée......	22 60	565 384	
		Palmulaire de Soldani....	37 60	293 407	
47	Idem..........	Lunulite en parasol......	27 60	361 413	17
		Orbulite plane..........	36	294 295	
		Vaginopore fragile.......	56 60	428 406	
		Dactylopore cylindracé...	12 60	443 401	
48	Idem..........	Polytrype alongé.........	42 60	453 405	17
		Ovulite perle............	37 60	134 404	
		Idem alongé............	37 60	134 404	
		Oryzaire Bosc............	16	103	
		Fabulaire discolithe......	16	103	
49	Alcyonés, Actinaires, Milléporés, Tubiporés..	Hallirhoé à côtes.........	42 60	393 503	33
		Iérée pyriforme..........	23	2	
		Licophre lentille.........	26	271	
		Lymnorée mamelonnée...	27 42 60	437 394 504	
		Microsolène poreuse......	31 60	43 387	
50	Rétéporés......	Flustre foliacée..........	17 60	174 415	34
		Idem pileuse............	17 60	176 415	
		Eschare bouffant.........	15 60	296 393	
		Discopore réticulaire.....	13 60	345 411	
		Lunulite radiée..........	27 60	360 413	
		Ovulite perle............	37 60	134 404	
		Cellaire céréoïde........	7 60	353 419	
51	Idem..........	Rétépore dentelle........	45 60	281 398	34

N.° d'ordre.	FAMILLES.	GENRES ET ESPÈCES.	RENVOI AU TEXTE. Tome.	Page.	N.° du cahier.
51	Rétéporés	Adéone folliifère	1 S. 60	60 396	34
		Alvéolite encroûtante	1 S. 60	137 369	
		Ocellaire nue	35 60	328 395	
		Orbiculite lenticulée	S.	—	
		Dactylopore cylindracé	12 60	443 401	
52	Polypiaires	Cellaire salicor	7 60	352 419	61
		Eucratée cornet (sous le nom d'*Unicellaire cornet*)	15 60	521 426	
		Achamarchis néritine	60	423	
		Cabérée dichotome	60	422	
53	*Idem*	Électre verticillée	14 60	296 414	61
		Canda arachnoïde	6 S. 60	89 421	
		Anguinaire serpent	1 S. 60	71 431	
		Ménipée Hyale	30 60	32 427	
54	*Idem*	Phéruse tubuleuse	39 60	471 418	61
		Elzérine de Blainville	14 60	378 417	
		Tubulaire rameuse	56 60	29 435	
		Galaxaure rigide	18 60	62 518	
55	Sertulariés	Lirizoaire tulipifère	60	450	60
		Sérialaire lendigère	48 60	493 440	
		Antennulaire indivise	2 S. 34 60	72 380 450	
		Plumulaire myriophylle	42 60	17 441	
		Dynamine operculée	13 60	570 447	
		Sertulaire abiétine	49 60	22 445	
56	*Idem*	Idie scie	22 60	563 447	60

N.° d'ordre.	FAMILLES.	GENRES ET ESPÈCES.	RENVOI AU TEXTE. Tome.	RENVOI AU TEXTE. Page.	N.° du cahier.
56	SERTULARIÉS.....	Clytie volubile..........	9	454	60
			60	437	
		Campanulaire verticillée..	6 S.	69	
			60	437	
		Thoa halécine..........	54	282	
			60	452	
57	POLYPIAIRES.....	Hydre verte.............	22	109	61
			60	459	
		Idem rose..............	22	109	
			60	459	
		Coryne glanduleuse......	10	582	
			60	436	
		Pédicellaire trident.......	38	207	
		Difflugie protéiforme.....	13	232	
			60	457	
		Plumatelle campanulée...	42	12	
			60	455	
		Cristatelle vagabonde.....	11	611	
			60	454	
		Alcyonelle des étangs....	1 S.	110	
			60	456	
58	ZOOPHYTAIRES....	Isis queue-de-cheval......	24	13	61
			60	467	
		Corail rouge............	10	352	
			60	466	
		Mélitée ochracée.........	29	543	
			60	265	
			60	468	
59	*Idem*..........	Mopsée dichotome.......	32	505	61
		Antipathe myriophylle...	2	259	
			60	474	
		Gorgone verruqueuse.....	19	227	
			60	469	
		Eunicée à gros mamelons.	15	542	
			60	471	
		Plexaure liége..........	41	397	
			60	473	
		Primnoa lépadifère......	43	304	
			60	474	
60	*Idem*..........	Pennatule grise..........	38	360	61
			60	480	
		Idem cynomoire.........	38	361	
			57	318	
			60	482	
61	*Idem*..........	Pavonaire quadrangulaire.	17	525	61
			38	166	
			60	480	

N.° d'ordre.	FAMILLES.	GENRES ET ESPÈCES.	RENVOI AU TEXTE. Tome.	RENVOI AU TEXTE. Page.	N.° du cahier.
61	Zoophytaires....	Ombellulaire encrine.....	36 60	97 477	61
		Virgulaire jungoïde......	58 60	279 478	
		Funiculine cylindrique...	17 60	525 472	
		Virgulaire à ailes lâches.	58 60	278 478	
62	Alcyoniens......	Lobulaire violette........	27 60	104 485	61
		Rénille violette..........	45 60	43 482	
		Téthye orange...........	53 60	286 507	
		Géodie bosselée..........	18 60	351 498	
		Lamarckie bourse........	25	175	
63	Spongiaires.....	Éponge bullée...........	15 60	112 492	61
		Idem creuset...........	15 60	111 492	
		Idem vulgaire..........	15 60	105 493	
		Idem main.............	15 60	93 492	
		Idem paniforme.........	15 60	93 492	
64	*Idem*..........	Acicule siliceux du *Spongia friabilis*..........	60	497	61
65	Corallinés.....	Amphiroë foliacée.......	60	515	60
		Janie sagittée............	24 60	138 512	
		Coralline officinale.......	10 60	364 510	
		Flabellaire raquette......	17 60	90 513	
66	*Idem*..........	Nésée noduleuse.........	34 60	492 516	60
		Udotée flabellée.........	56 60	229 520	
		Acétabule de la Méditerran.	1 S. 42 60	18 394 518	
		Polyphyze australe.......	42 60	371 519	

N.o d'ordre.	FAMILLES.	GENRES ET ESPÈCES.	RENVOI AU TEXTE.		N.° du cahier.
			Tome.	Page.	
67	NÉMAZOONES.....	Girodella comoïdes.......	34	368	42
68	Objets peu connus	Réceptaculite de Neptune.	45	5	4
		Trigonellite de Parkinson.	55	291	

FIN DE LA TABLE DES ZOOPHYTES.

TABLE

ALPHABÉTIQUE DES PLANCHES DES ZOOPHYTES.

(Le chiffre indique l'ordre de la planche.)

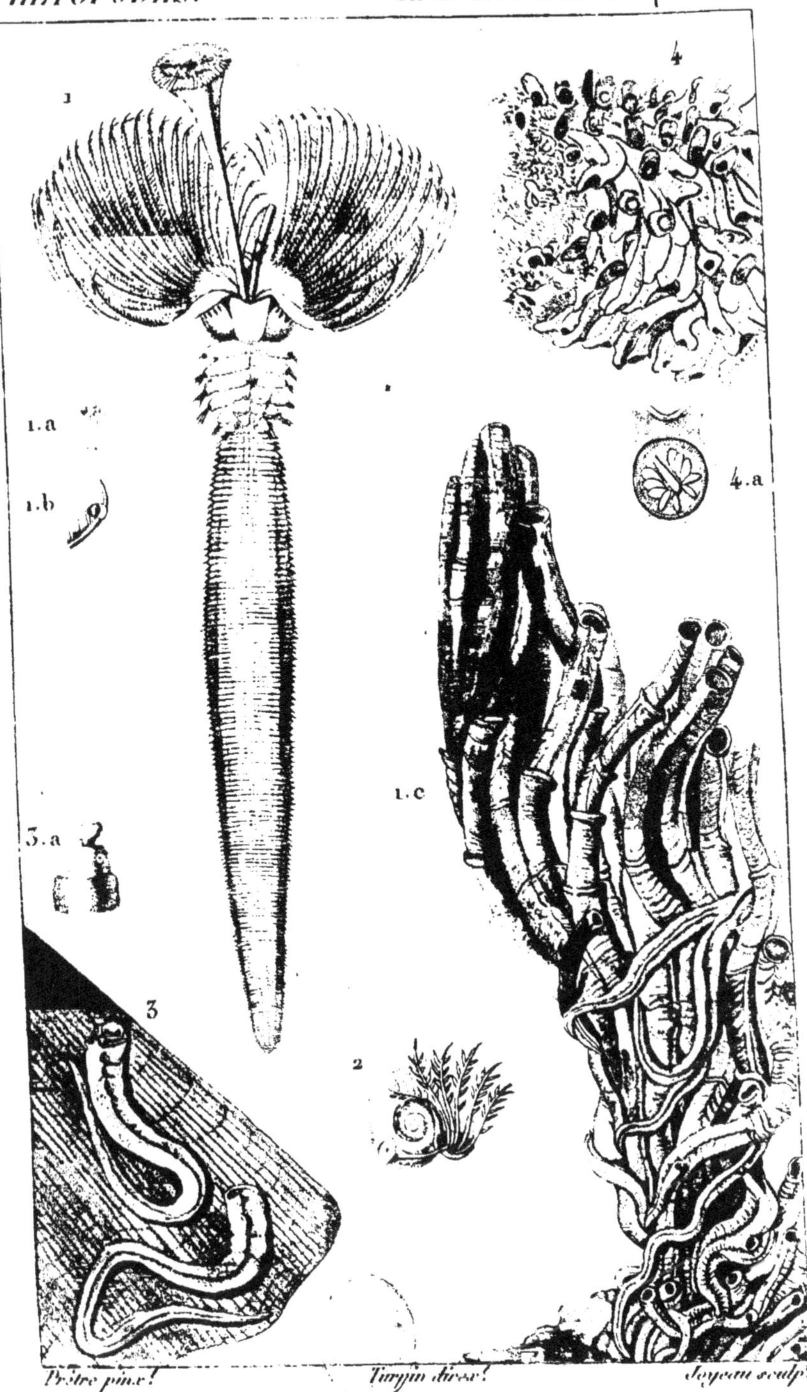

Prêtre pinx. *Turpin direx.* *Joyeau sculp.*

1. **SERPULE** vermiculaire *hors de son tube.* 1.a-1.b. *Extrémité d'une de ses branchies.* 1.c. *Faisceau de tubes.* 2. **SPIRORBE** nautiloïde. 3. **VERMILIE** triquetre. 3.a. *Son tentacule operculaire.* 4. **GALÉOLAIRE** en touffe. 4.a. *Son tentacule operculaire.*

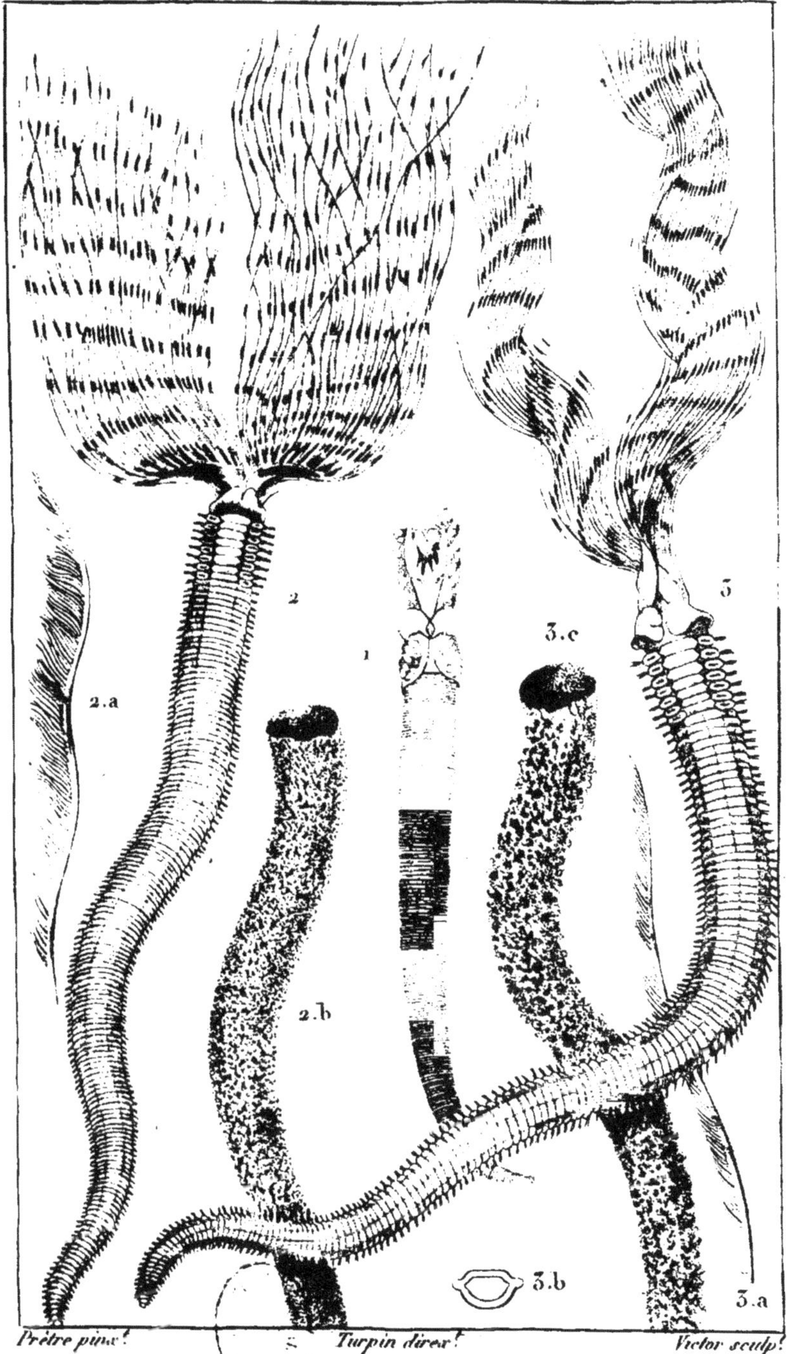

Prêtre pinx.t Turpin direx.t Victor sculp.t

1. CYMOSPIRE géanté. 2. AMPHITRITE porte-vent.

2.a. *Une de ses branchies.* 2.b. *Son tube.*

3. AMP. de Spallanzani. 3.a. *Une de ses branchies.* 3.b. *Coupe du corps.* 3.c. *Son tube.*

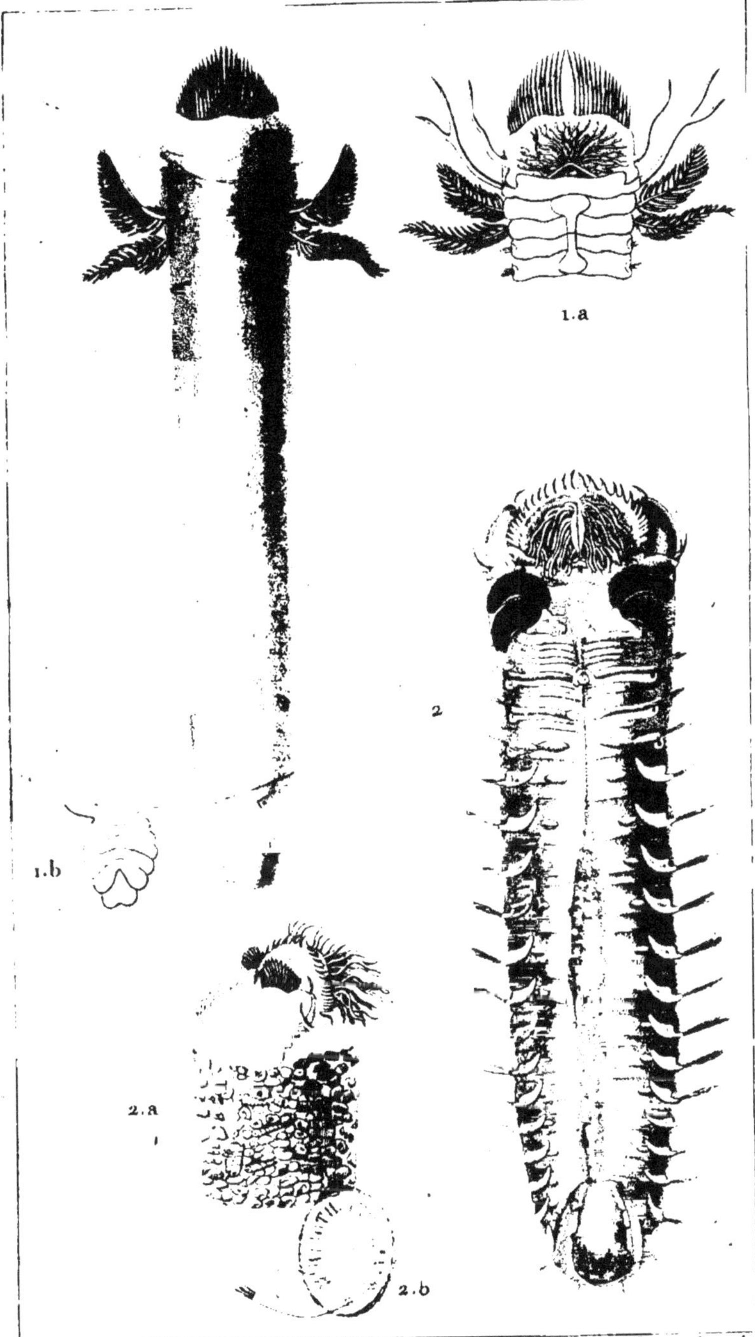

Prêtre pinx.t Turpin direx.t Massard sculp.t

1. PECTINAIRE dorée. *(P. auricoma) en dessus. 1.a. Son extrémité orale, vue en dessous. 1.b. Son Extrémité anale, en dessous.*

2. PECTINAIRE Egyptienne. *(P. Ægyptiaca) en dessous. 2.a. Son extrémité orale, de profil. 2.b. Un pied grossi.*

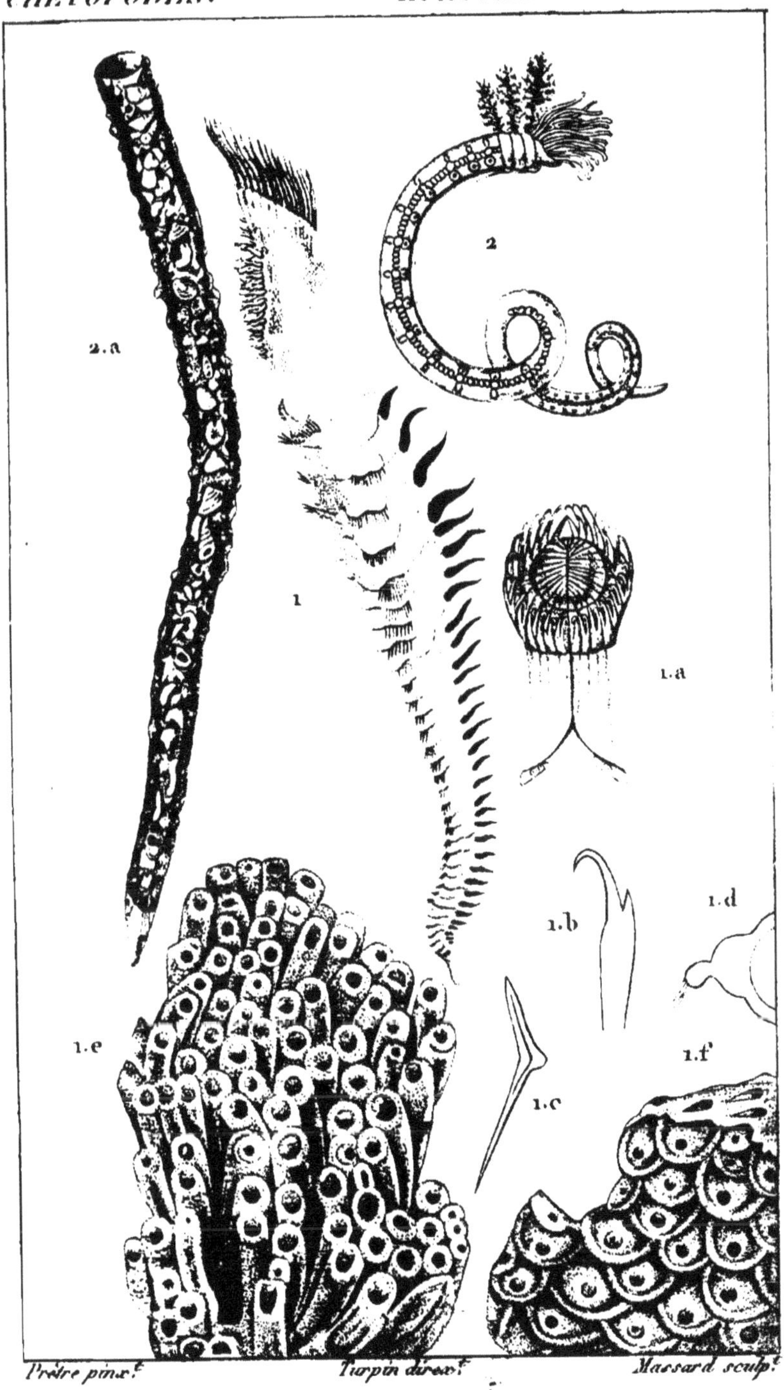

Prêtre pinx.t Turpin direx.t Massard sculp.t

1. SABELLAIRE alvéolée. *de profil grossie.* 1a. *Son extrémité ant. de face.* 1b.1c. *Crochets de sa couronne operculaire.* 1d. *Un pied abdom.* 1e. *Masse de tubes.* 1f. *Autre masse de tubes, cop. d'Ellis.*
2. TEREBELLE coquillère. 2.a. *Son tube.*

ZOOLOGIE.

CHÉTOPODES. Hétérocriciens Sabellariés.

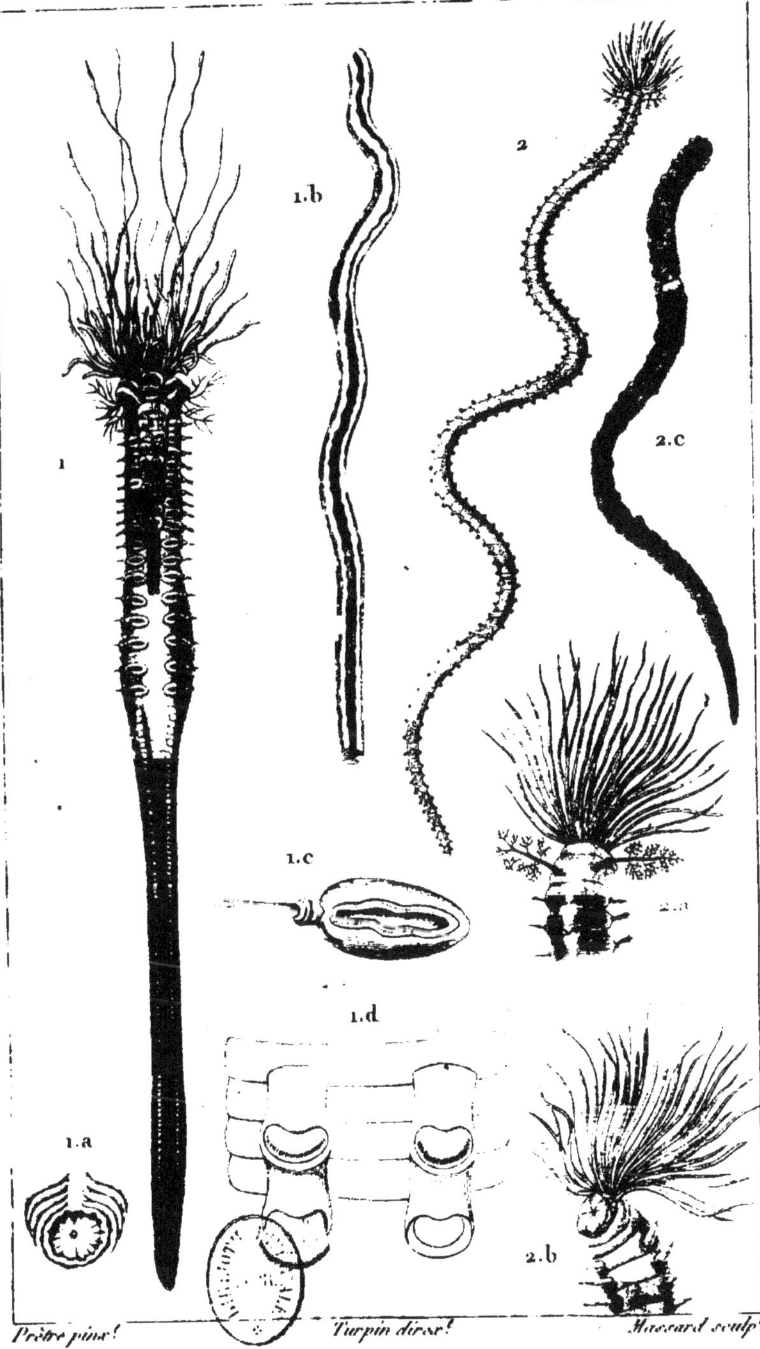

Prêtre pinx.t *Turpin direx.t* *Massard sculp.t*

1. TÉRÉBELLE Méduse. *(T. Medusa) en dessous.* 1.a. *Extrémité anale.* 1.b. *Un barbillon grossi, en dessous.* 1.c. *Un pied thoracique en dessous et grossi.* 1.d. *Deux paires de pieds abdominaux.* 2. T. papilleuse. *(T. cristata) en dessus.* 2.a. *Extrémité orale en dessus et grossie.* 2.b. *La même en dessous.* 2.c. *Son tube.*

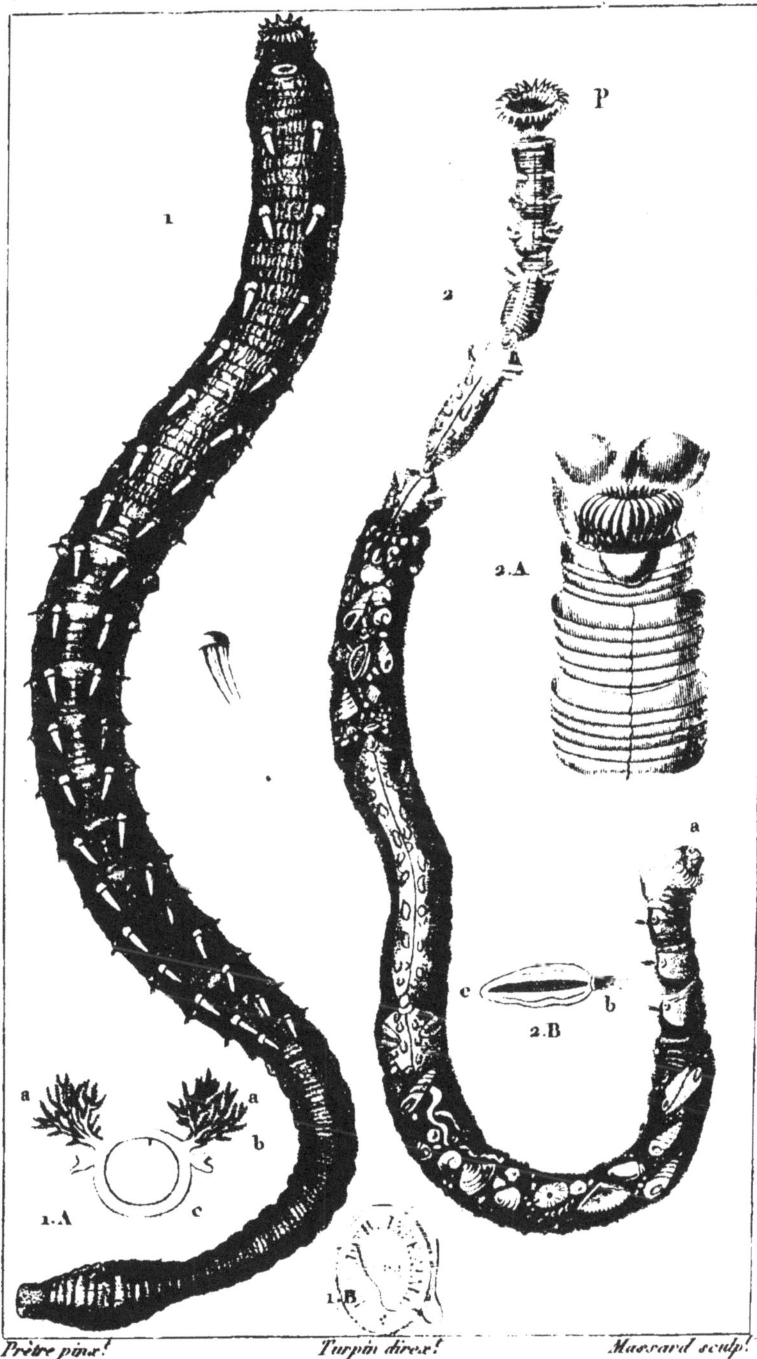

Prêtre pinx. *Turpin direx.* *Massard sculp.*

1. ARÉNICOLE des Pêcheurs. *en dessus.* 1.A. *Coupe d'un des anneaux branchifères.* a. *Branchie.* b. *Faisceau de soies.* c. *Rangée de crochets.* 1.B. *Extrémité anale de profil.* 2. CLYMÈNE amphistome. *(C. amphistoma. Sav.) avec parties de son tube.* a. *Extrémité orale.* p. *Extrém. anale.* 2.A. *Extrémité anale en dessous et grossie.* 2.B. *Appendice du côté gauche.* b. *Faisceau de soies.* c. *Double rangée de crochets.*

ZOOLOGIE.

CHÉTOPODES. Homocriciens. Amphinomes.

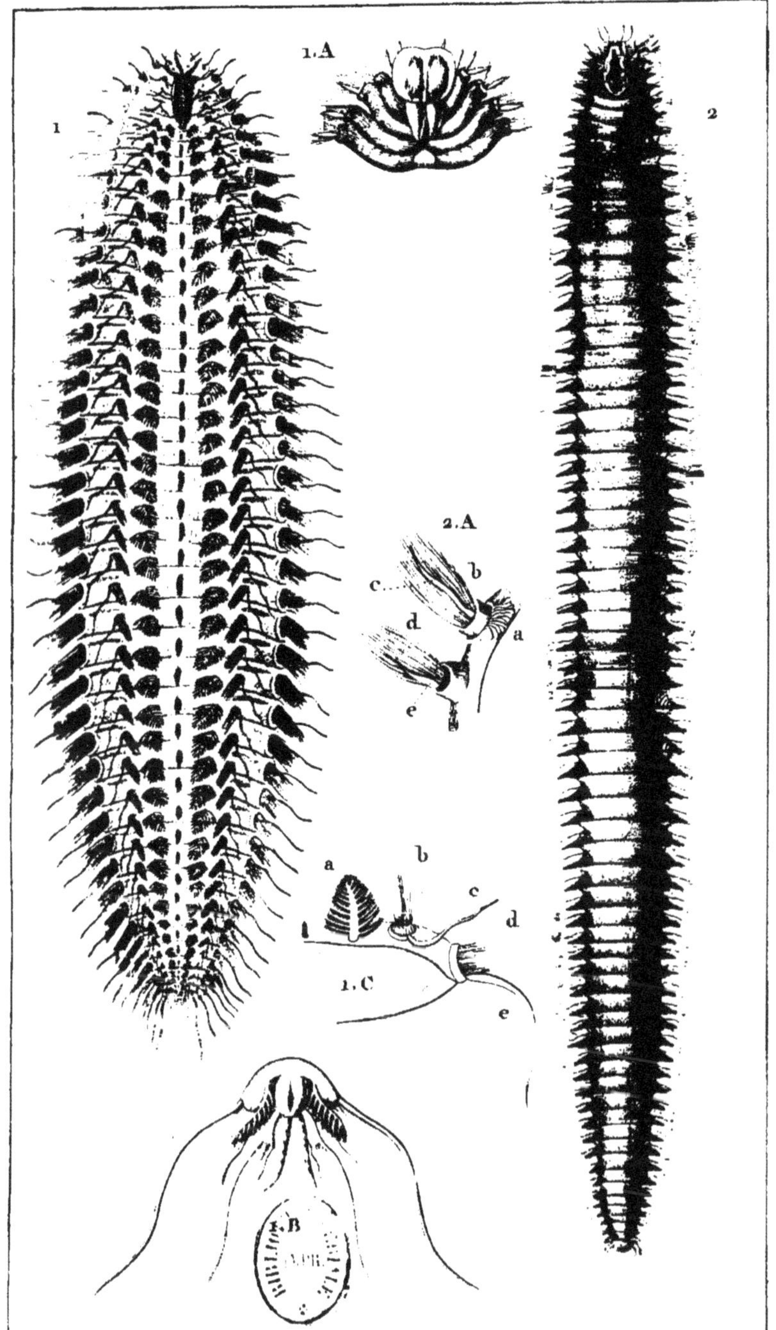

Prêtre pinx.t *Turpin direx.t* *Massard sculp.t*

1. AMPHINOME jaune. (*A. flava* . *Brug.*) *en dessus.* 1. A. *Extrémité orale grossie en dessous.* 1. B. *Extrémité anale grossie en dessous.* 1. C *Moitié droite de la coupe d'un anneau grossi.* a *Branchies.* b,c. *Rame sup.re* b. *Faisceau de soies.* c. *Cirre sup.r* d,e. *Rame inf.re* d. *Faisceau de soies.* e. *Cirre inf.re* 2. AMPH. alcyonienne. (*Pléione alcyonia* . *Sav.*) 2. A. *Moitié gauche d'un anneau grossi. Mêmes lettres indiq.t les mêmes parties que dans la fig. précéd.te*

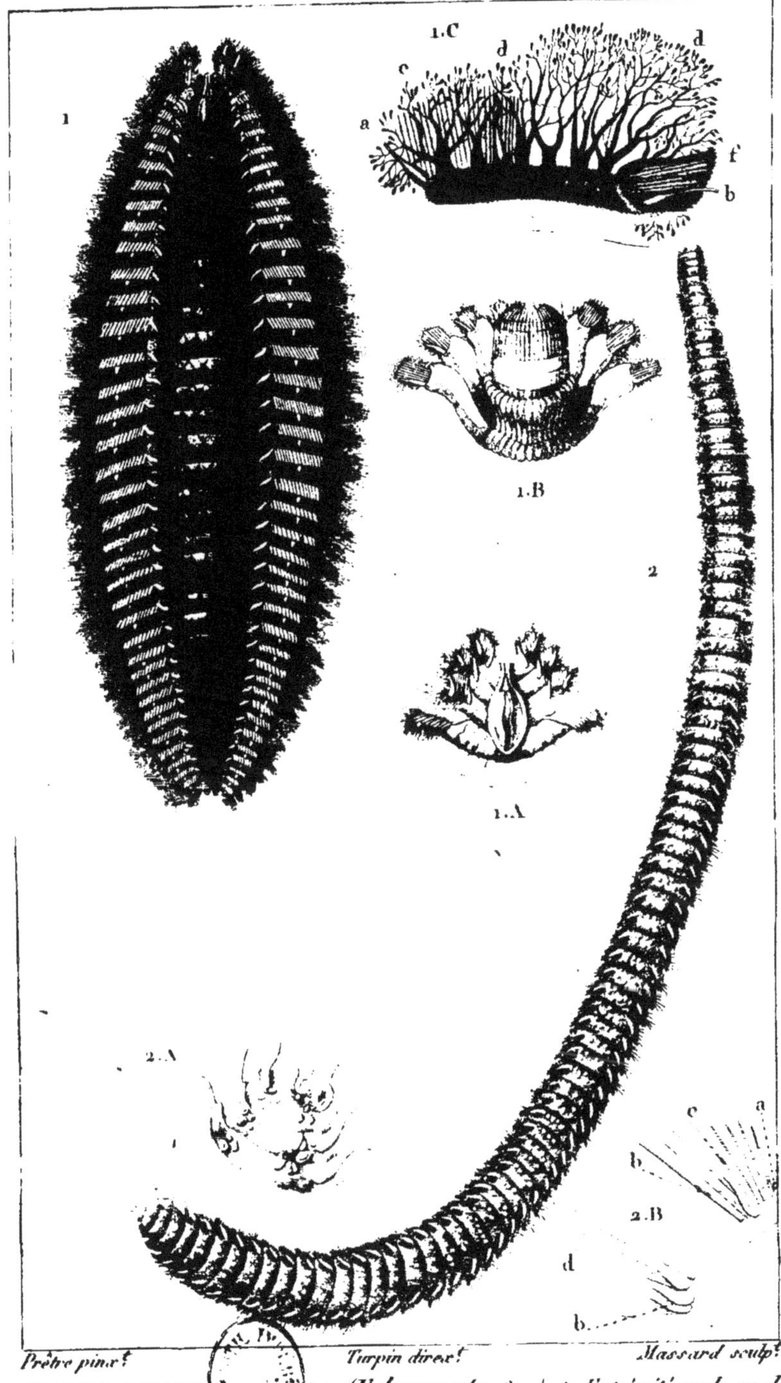

*Prêtre pinx*t. *Turpin direx*t. *Massard sculp*t.

1. EUPHROSYNE laurifère. (*E. laureata. Sav.*) 1.A. *Extrémité orale en dessus, grossie.* 1.B. *La même en dessous, la trompe sortie.* 1.C. *Un appendice entier soulevé et grossi.* a. *Cirre sup*r. b. *Cirre inf*r. d. *Cirre médian.* e. *Faisceau de soies sup*r. f. *Fais. de soies inf*r. d d. *Branchies.* 2. ARISTÉNIE cachée. (*Aristenia conspurcata. Sav.*) 2.A. *Extrémité anale? grossie.* 2.B. *Partie de la coupe d'un anneau.* a. *Extrémité de la branchie.* b-b. *Cirres.* c. *Faisceau de soies sup*r. d. *l'infér*r.

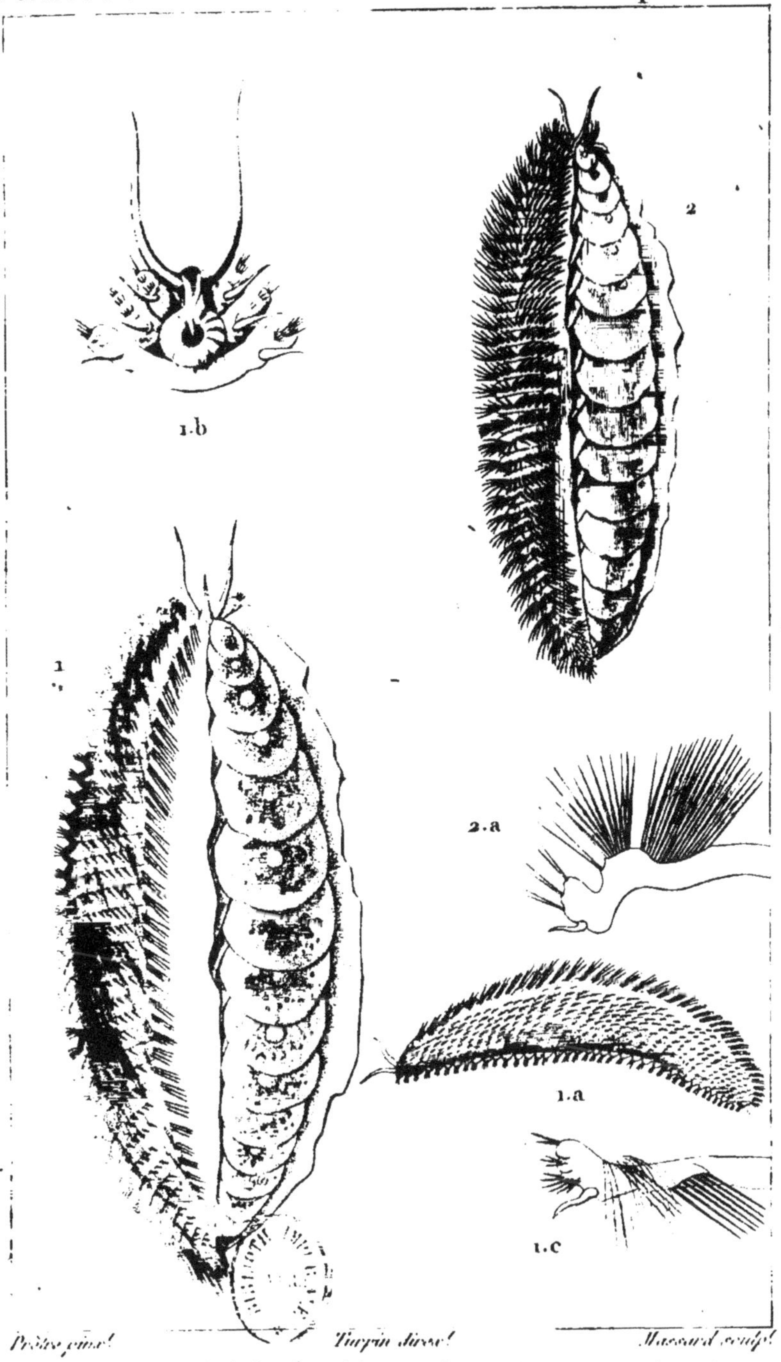

Prêtre pinx! Turpin direx! Massard sculp!

1. APHRODITE hérissée. (A. aculeata) en dessus, l'enveloppe feutrée enlevée du coté droit. 1.a. Le même animal plus petit et vu de profil. 1.b. Extrémité orale en dessous. 1.c. Un pied.

2. HERMIONE hispide. (H. histrix) en dessus. 2.a. Un pied fort grossi

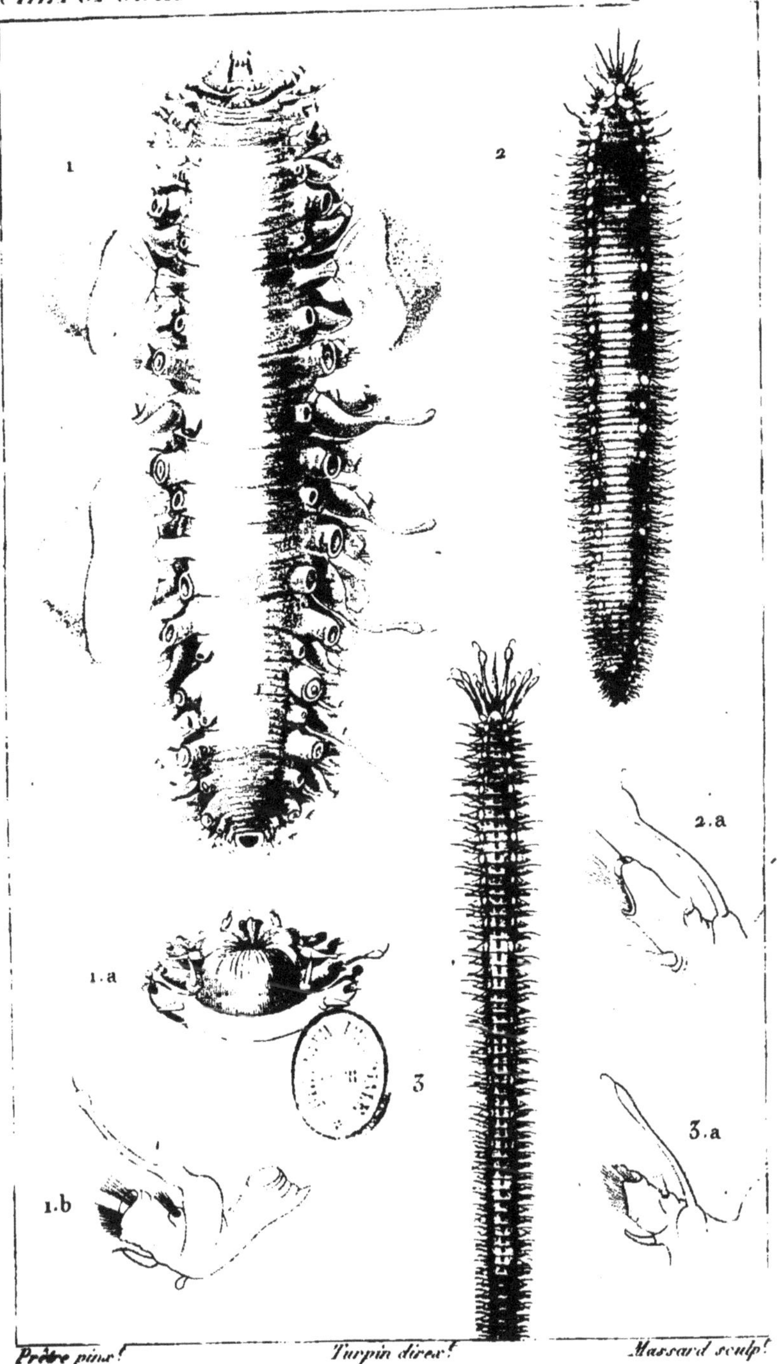

Prêtre pinx! Turpin direx! Massard sculp!

1. EUMOLPE vésiculeuse. (*E. impatiens*) *en dessous.* 1.a. *Extrémité orale en dessous.* 1.b. *Un pied grossi.*

2. E. scolopendrine. (*E. scolopendrina*) *en dessus.* 2.a. *Un pied gr*.

3. E. très-longue. (*E. longissima*) *en dessus.* 3.a. *Un pied grossi.*

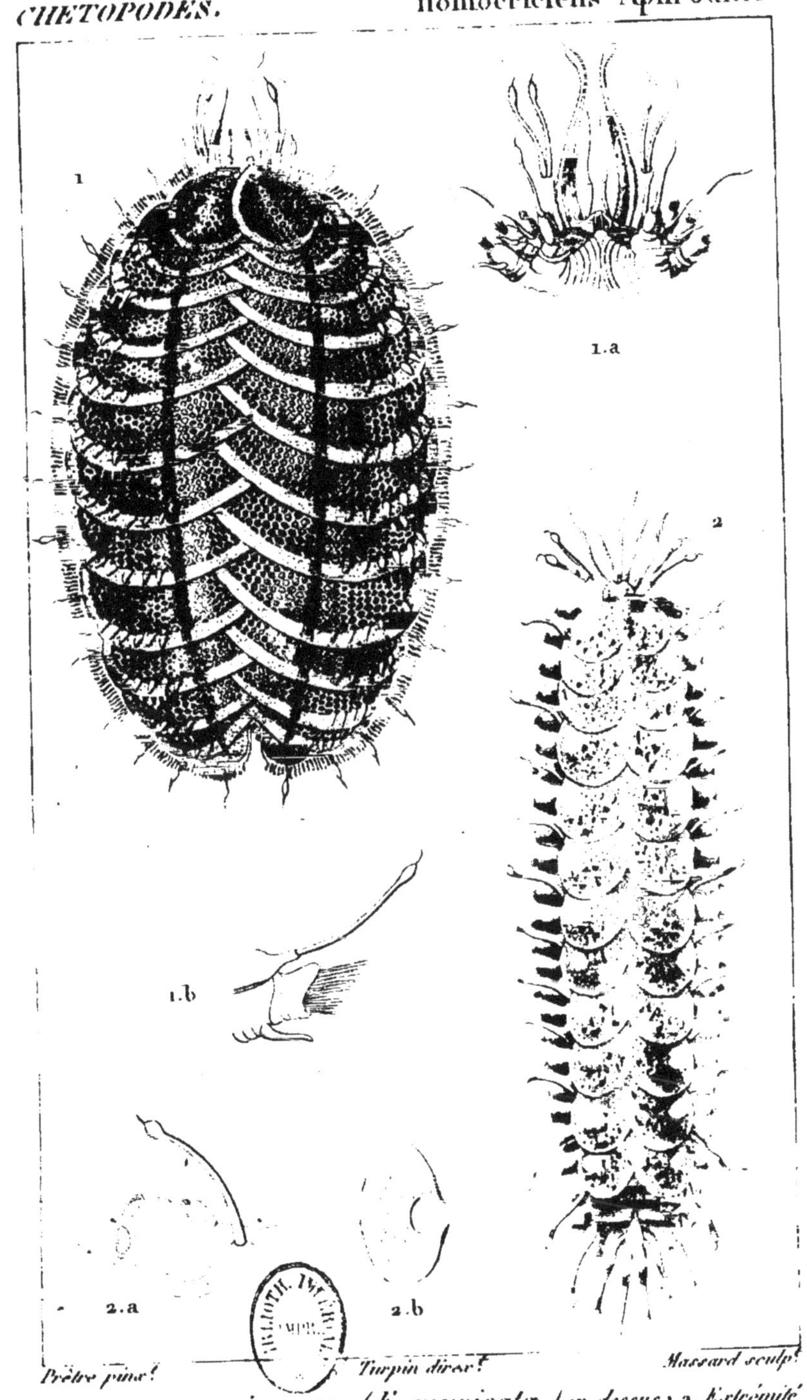

Prêtre pinx! Turpin direx! Massard sculp!

1. EUMOLPE epineuse. (*E. muricata*) *en dessus*. 1. a. *Extrémité orale en dessous*. 1. b. *Un pied de profil*.

2. E. écailleuse. (*E. squamata*) *grossie en dessus*. 2. a. *Un pied grossi, les soies tombées*. 2. b. *Une squame*.

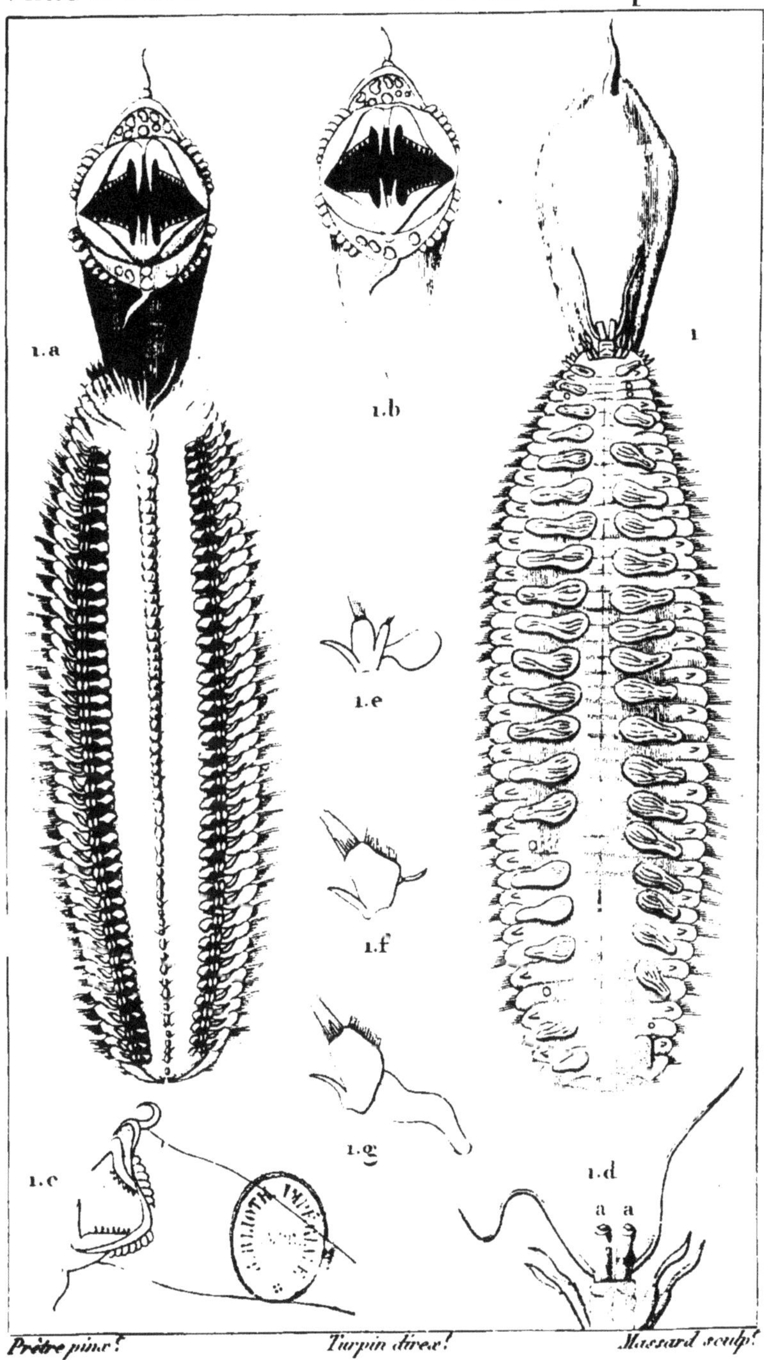

Prêtre pinx.t *Turpin direx.t* *Massard sculp.t*

1. PHYLLODOCE maxillée. *en dessus.* 1.a. P. *en dessous.* 1.b. *La bouche de face.* 1.c. *Id. de profil.* 1.d. *Détails de la tête.* a a. *Yeux.* 1.e. 1.f. 1.g. *Pieds.*

ZOOLOGIE.

CHÉTOPODES. Homocriciens : Néréidés.

Prêtre pinx. *Turpin direx.* *Massard sculp.*

1. NÉRÉIPHYLLE de Paretto. 1.a. *Part. ant. grossie.* 1.b. *Un pied grossi.* 2. N. verte. 2.a. *Sa tête grossie.* 2.b. *La même la trompe sortie.* 2.c. *Quelques anneaux grossis.* 3. ÉTÉONE épaisse. (*Eteone crassa. Sav.*) 3.a. *La soie branchue d'un pied grossie.*

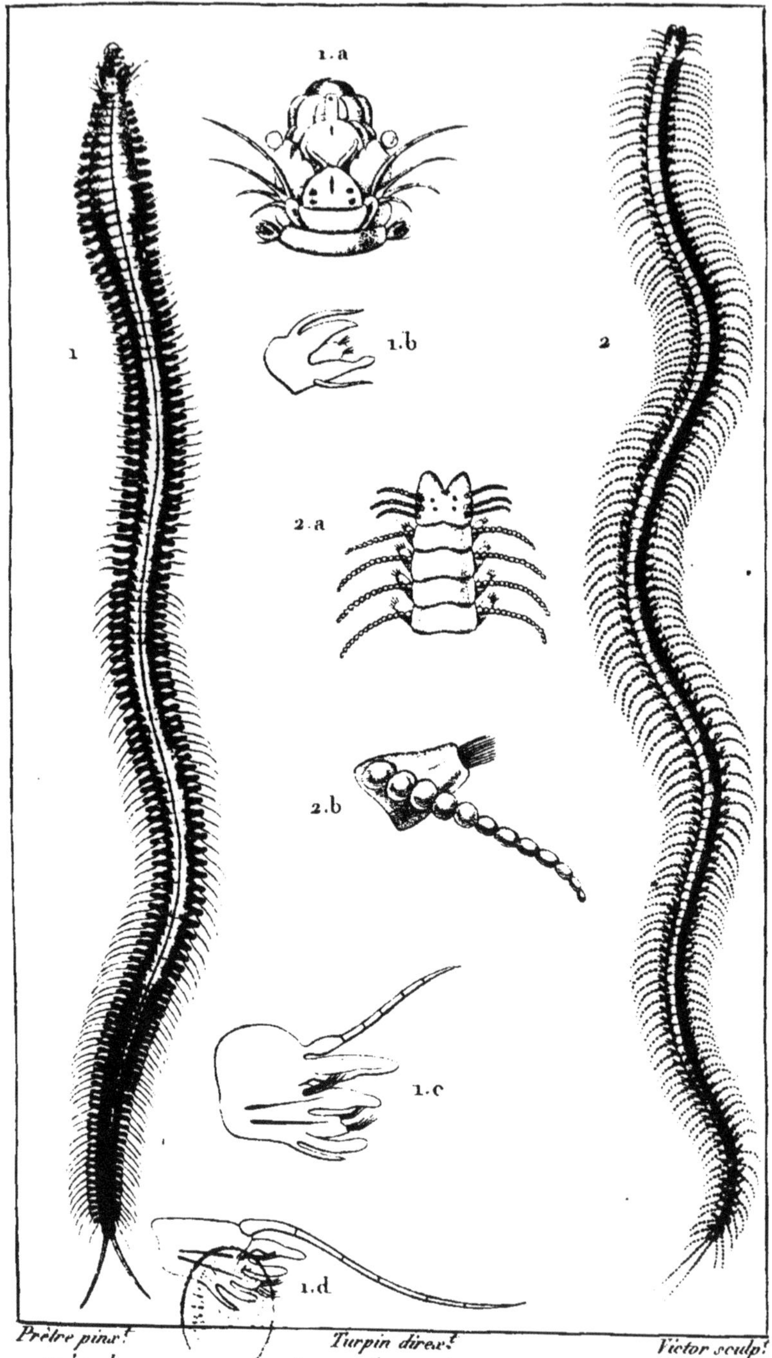

Prêtre pinx.t *Turpin direx.t* *Victor sculp.t*

1. NÉRÉIDE messagère. (*Nereis nuntia*) 1.a. *Sa tête en dessus.* 1.b. 1.c. 1.d. *Appendices de trois anneaux différens.*

2. NÉR. armillaire. (*N. armillaris*) 2.a. *Extrémité antérieure grossie en dessus.* 2.b. *Un de ses pieds.*

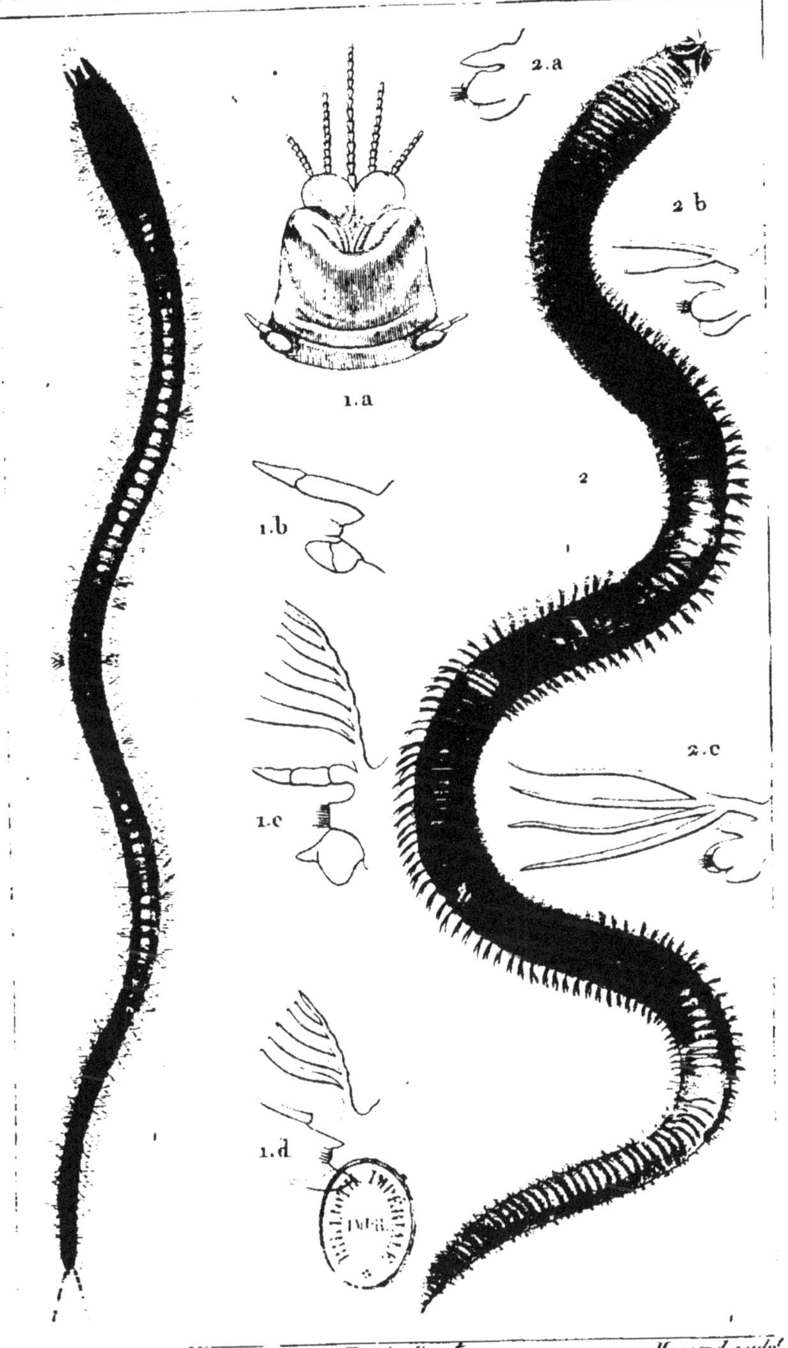

Turpin direx.t *Massard sculp.t*

1. NÉRÉIDE antennine. (*Nereidonta antenniata*) 1.a. *Extrémité orale, en dessous.* 1.b. *Pied ant.* 1.c. *Pied median.* 1.d. *Pied postérieur.*

2. N. sanguine. (*Nereidonta sanguinea*) 2.a. *Pied antérieur.* 2.b. *Autre pied ant.r* 2.c. *Pied subpostérieur.*

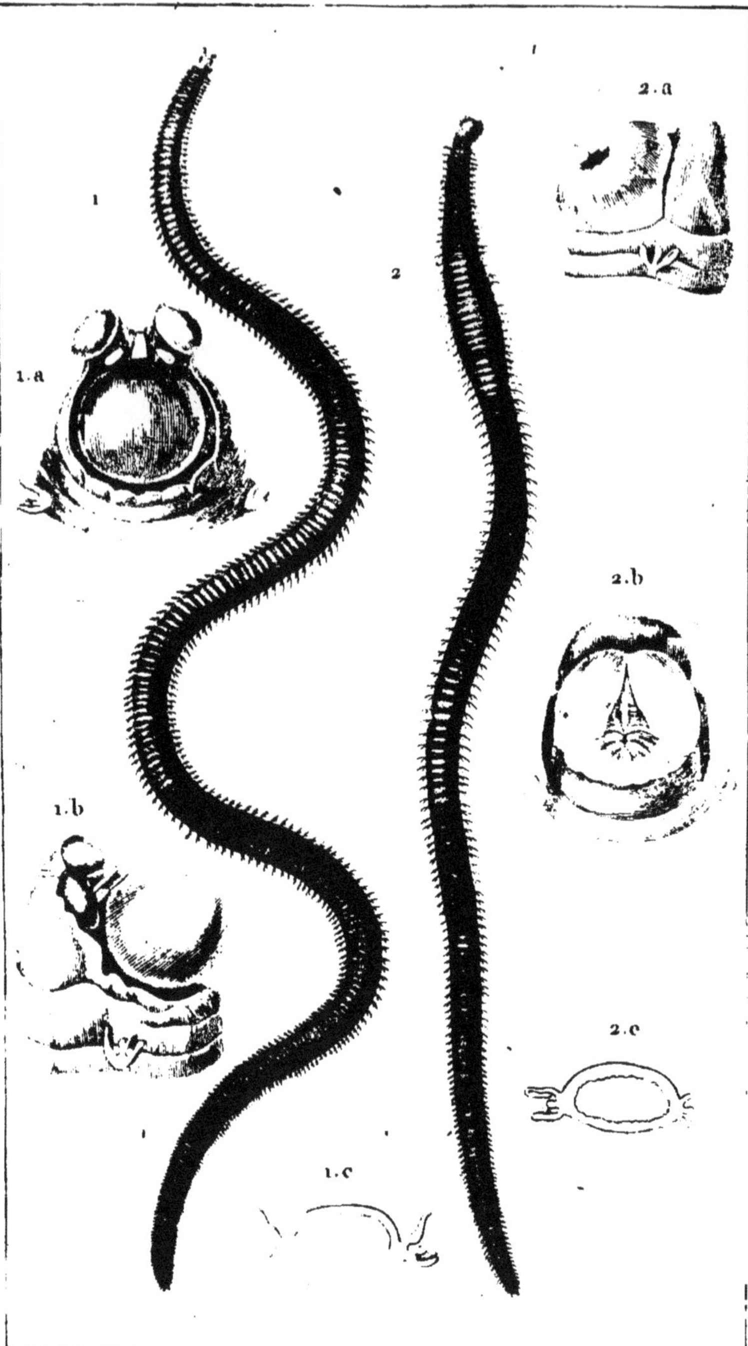

Prêtre pinx.t Turpin direx.t Massard sculp.t

1. AGLAURE éclatante. 1.a. *Extrémité orale, en dessous.* 1.b. *La même de profil.* 1.c. *Coupe d'un anneau.*

2. ŒNONE brillante. 2.a. *Extrémité orale, en dessous.* 2.b. *La même, de profil.* 2.c. *Coupe d'un anneau.*

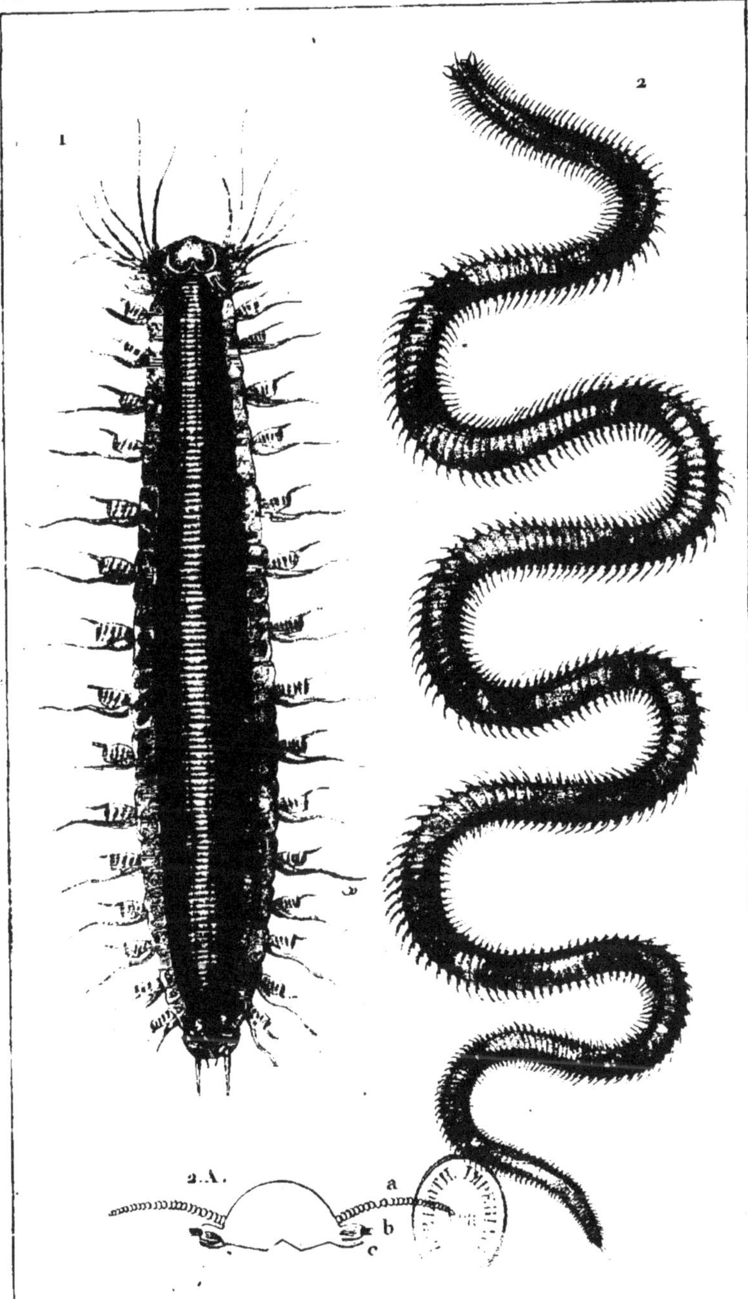

Prêtre pinx.t *Turpin direx.t* *Massard sculp.t*

1. HÉSIONE éclatante. *(H. splendida. Sav.) en dessus.*

2. SYLLIS monilaire. *(S. monilaris. Sav.) en dessus.* 2.A. *Coupe transv.le d'un anneau.* a. *Cirre sup.r* b. *Pinceau de soies.* c. *Cirre inf.r*

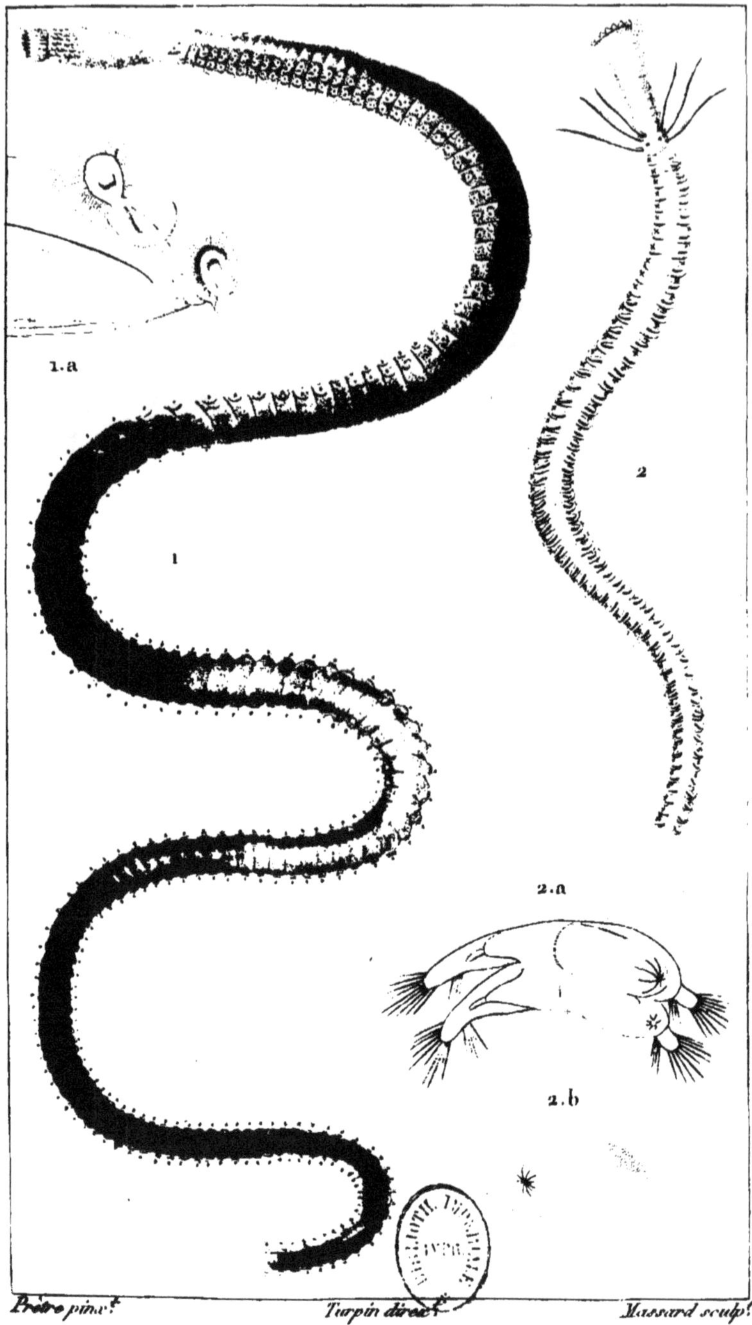

Prêtre pinx.t Turpin direx.t Massard sculp.t

1. NEPHTYS de Homberg. *(N. clava. Diction.)* 1.a. *Un demi anneau.* 2. NÉRÉIPHYLLE stellifère. 2.a. *Deux anneaux grossis.* 2.b. *Une des écailles.*

ZOOLOGIE.

CHÉTOPODES. Homocriciens. Néréidés.

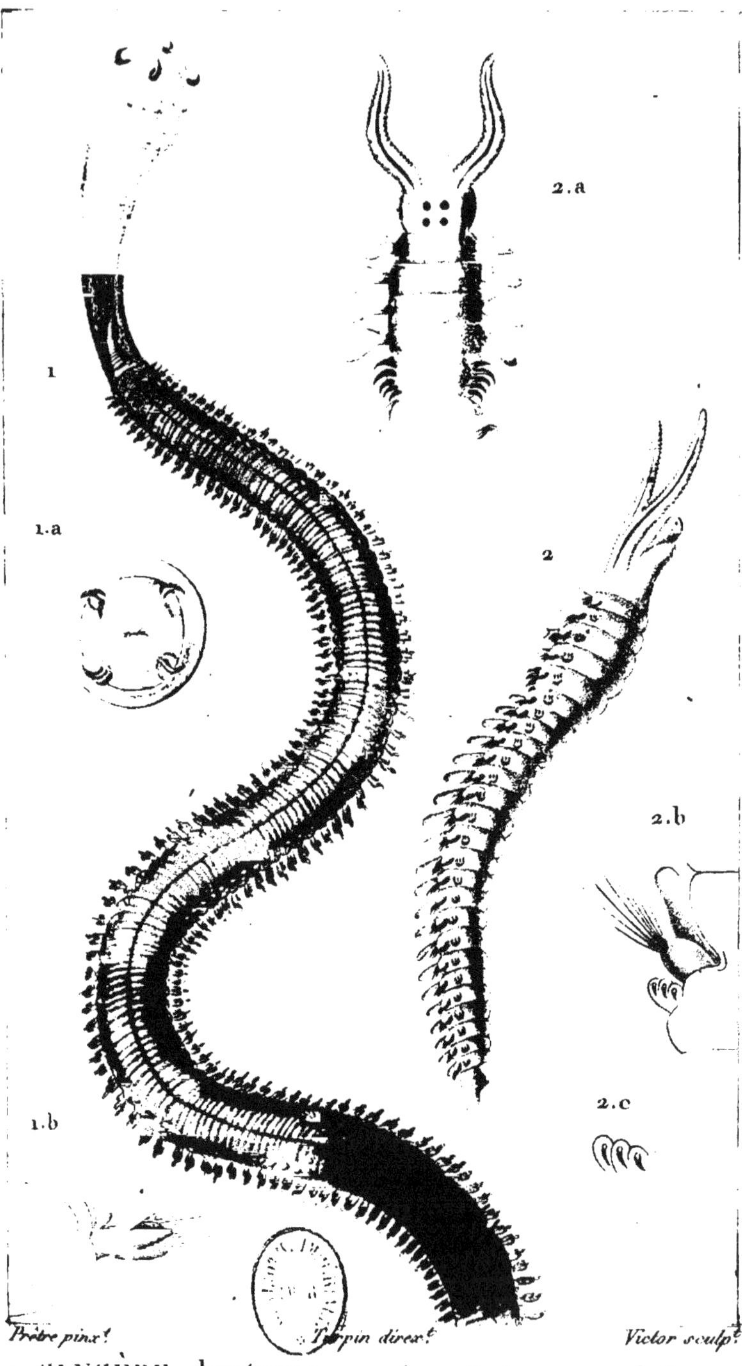

Prêtre pinx. *Turpin direx.* *Victor sculp.*

1. GLYCÈRE douteuse, *grossie.* 1a. *Sa trompe vue de face.* 1b. *Un appendice.* 2. SPIO seticorne, *fortement grossi.* 2a. *Partie anter.re du même, en dessus.* 2b. *Un appendice.* 2c. *Ses soies à crochets.*

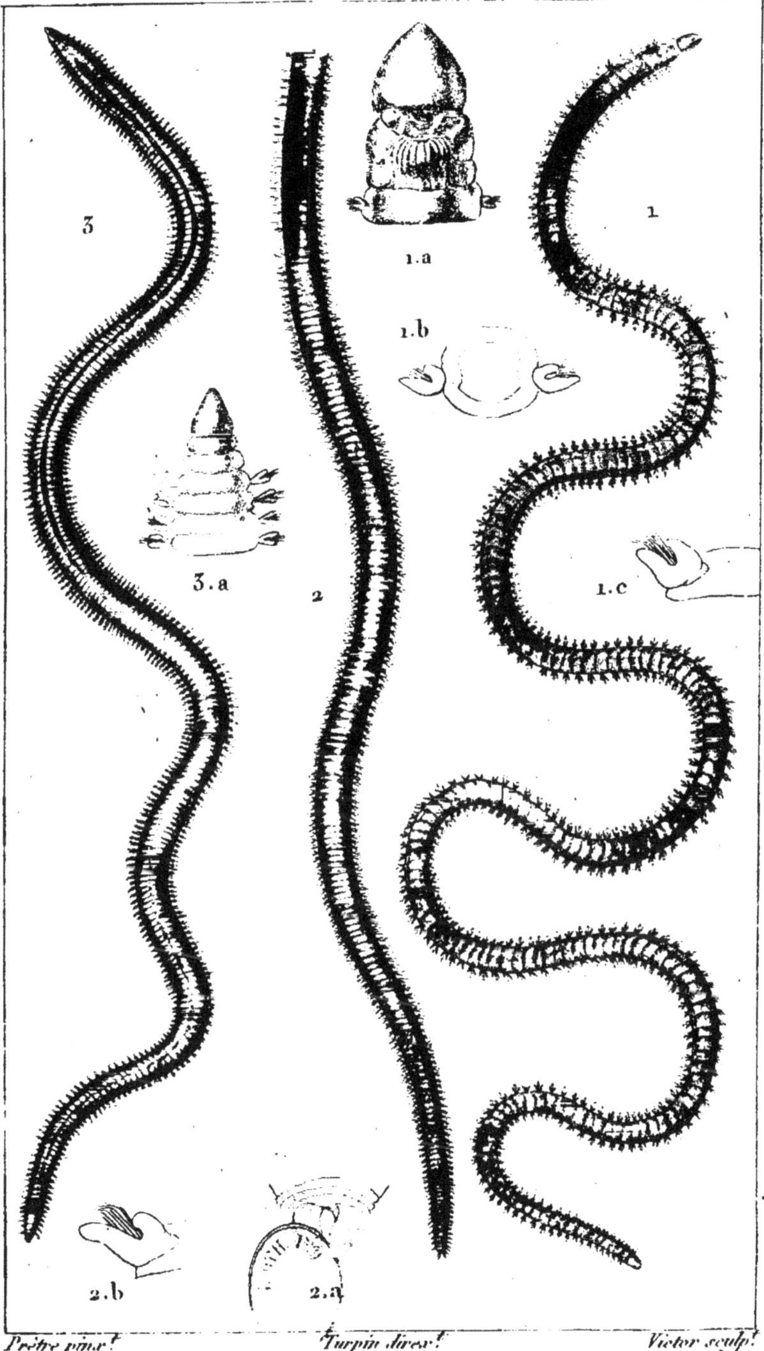

Prêtre pinx.t *Turpin direx.t* *Victor sculp.t*

1. LOMBRINÈRE brillant. 1.a. *Extrém. orale en dessous.* 1.b. *Coupe d'un anneau.* 1.c. *Un pied.* 2. L. scolopendre. 2.a. *Extrémité anale grossie.* 2.b. *Un pied.* 3. L. de Pallas. 3.a. *Extrém. orale grossie.*

ZOOLOGIE.

CHÉTOPODES. Homocriciens. Néréiscolés.

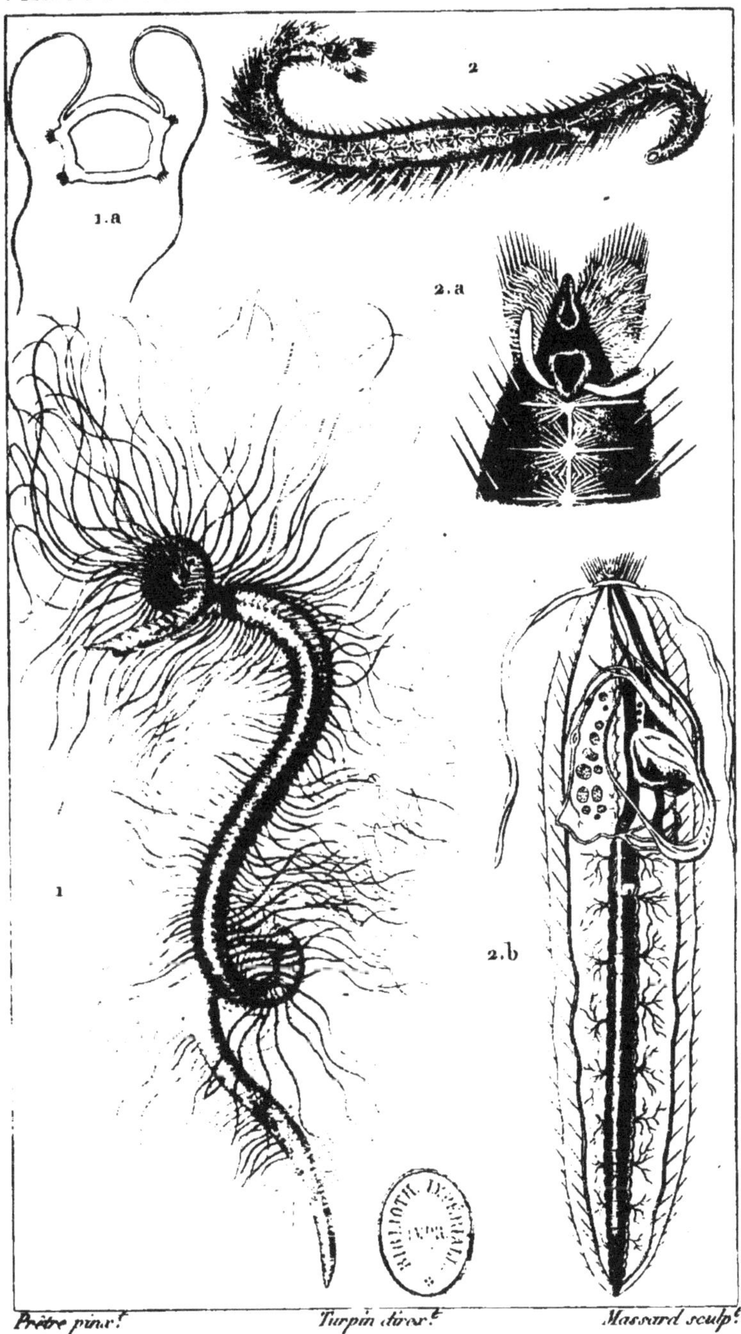

Prêtre pinx.t Turpin direx.t Massard sculp.t

1. CIRRINÈRE filigère. 1.a. *Coupe d'un anneau.*
2. SIPHOSTOME diplochaite. 2.a. *Extrém. orale grossie.* 2.b. *Détails anatomiques.*

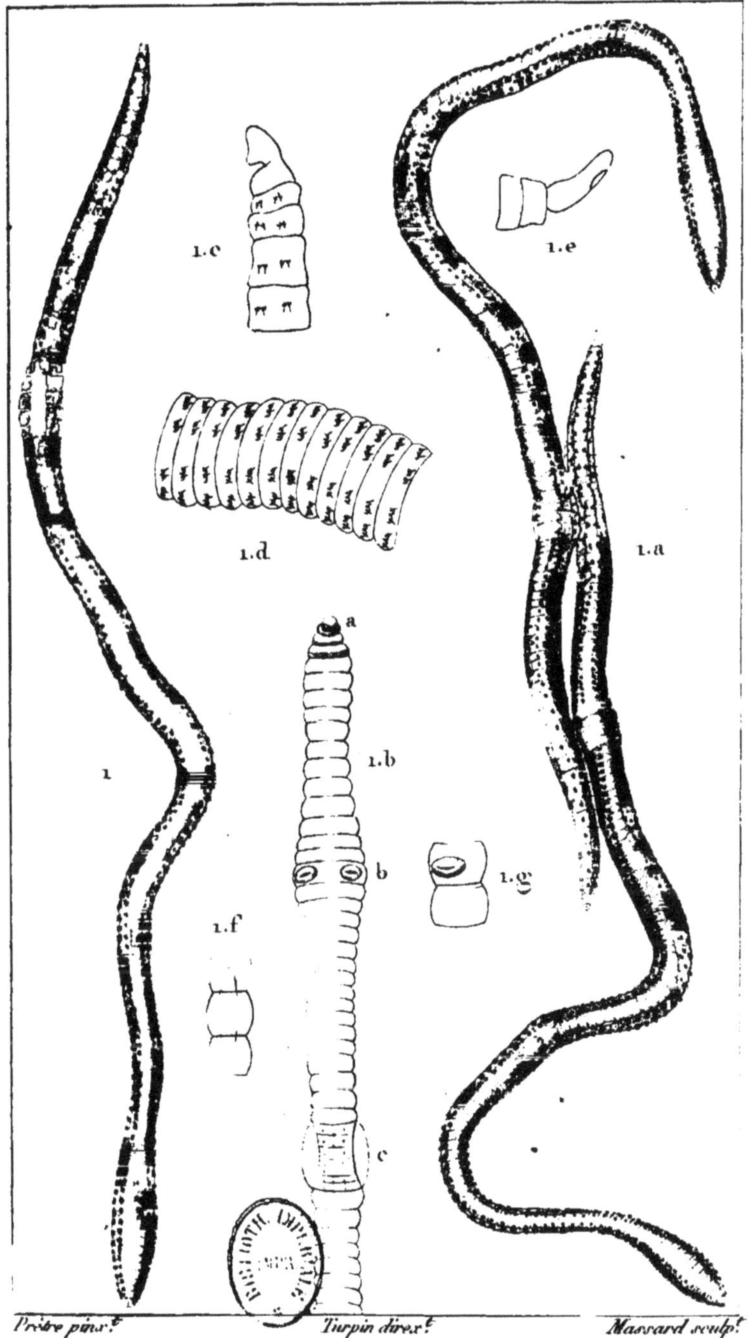

Prêtre pinx.t *Turpin direx.t* *Massard sculp.t*

1. LOMBRIC terrestre. 1.a. *Deux individus accouplés.* 1.b. *Part. ant. du corps montrant en* b *et en* 1.g, *Les orifices de la génération, en* c, *Le bât.* 1.c. *Extrémité orale de profil.* 1.d. *Quelques anneaux avec les soies grossis.* 1.e. *Extrém. anale.* 1.f. *Renflement latéral.*

ZOOLOGIE.

CHÉTOPODES. Homocriciens. Lombricinés.

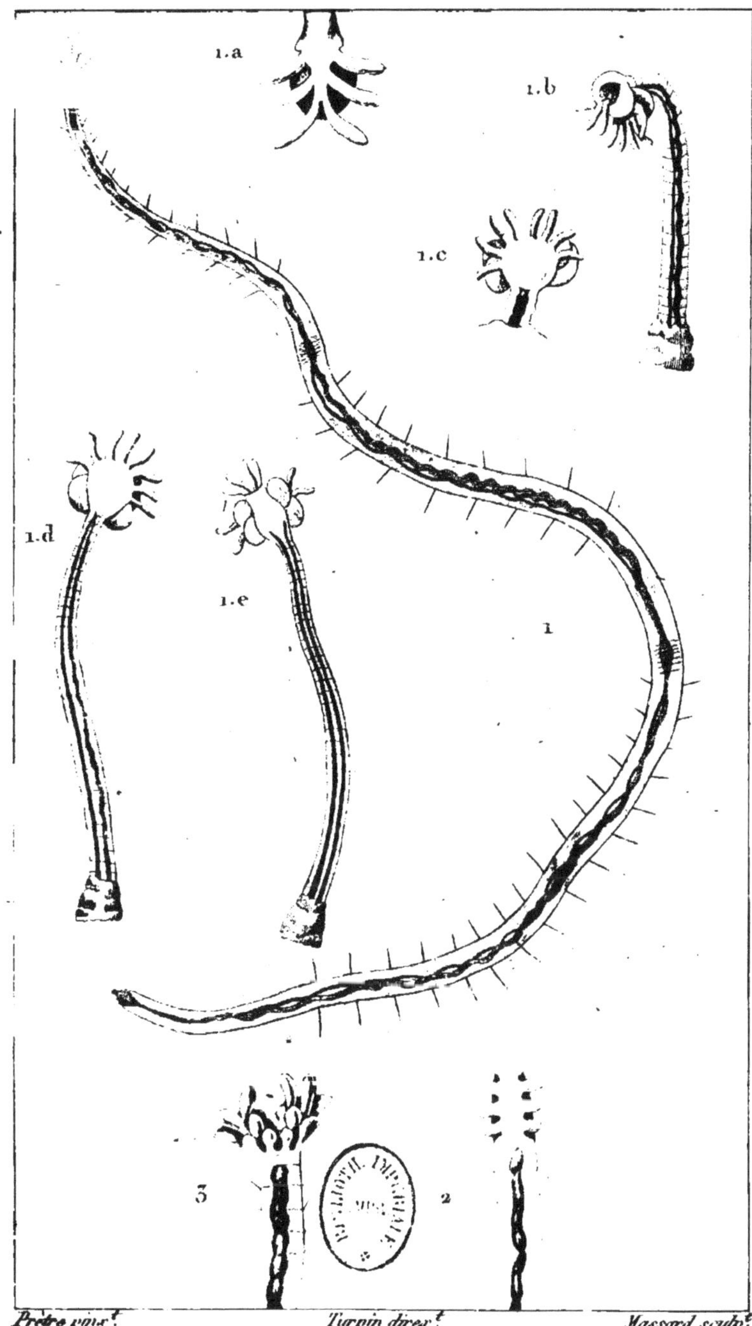

Prêtre pinx.t *Turpin direx.t* *Massard sculp.t*

1. NAIS digitée. *(Proto digitata. Oken.)*

1.a - 1.b - 1.c - 1.d - 1.e *Variétés de l'extrémité anale.*

2. *Extrémité anale de la même. (Xantho hexapoda. Dutrochet.)*

3. *Extrém. anale de la var. à dix lobes. (Xantho decapoda. Dutrochet.)*

ZOOLOGIE.

CHÉTOPODES Homocriciens. Lombricinés.

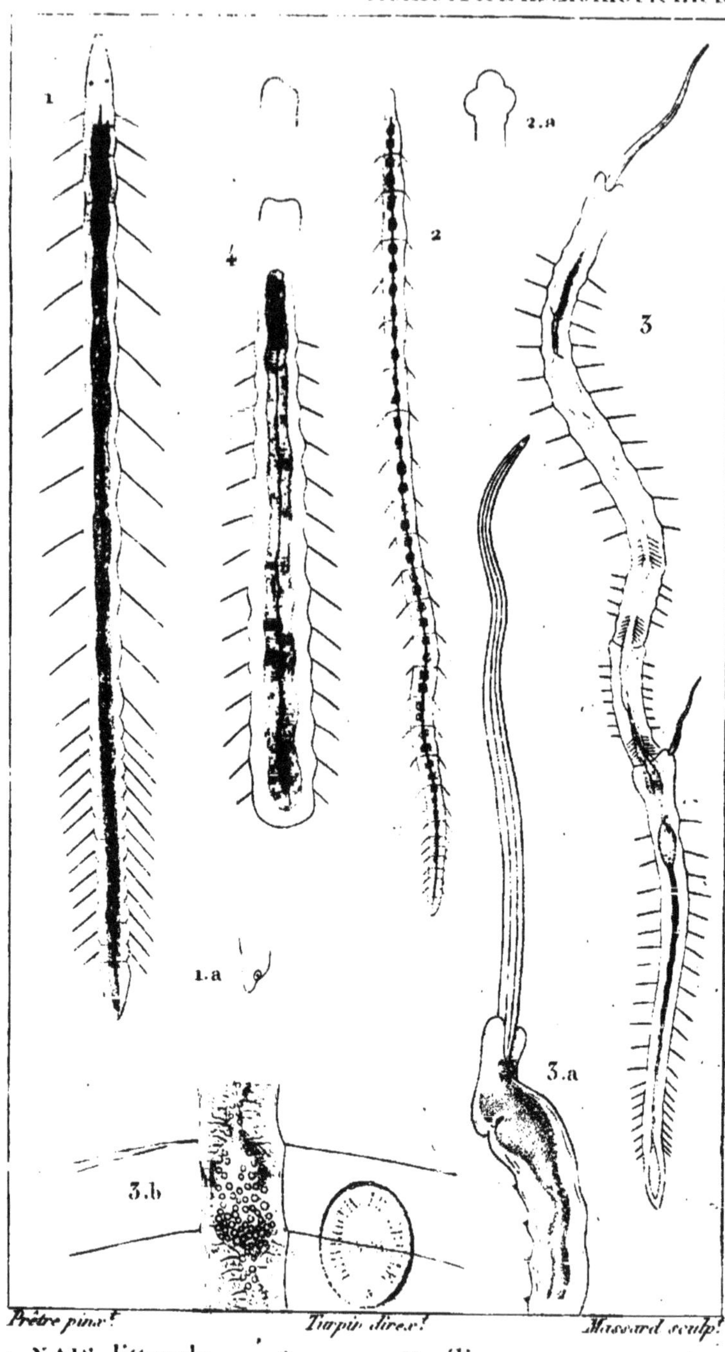

Prêtre pinx.t Turpin direx.t Massard sculp.t

1. NAIS littorale. 1.a. *Son anus.* 2. N. élingue. 2.a. *Son extrém. orale.* 3. N. proboscidale. 3.a. *Son extrémité orale très grossie.* 3.b. *Deux anneaux très grossis.* 4. N. élingue *tronquée.*

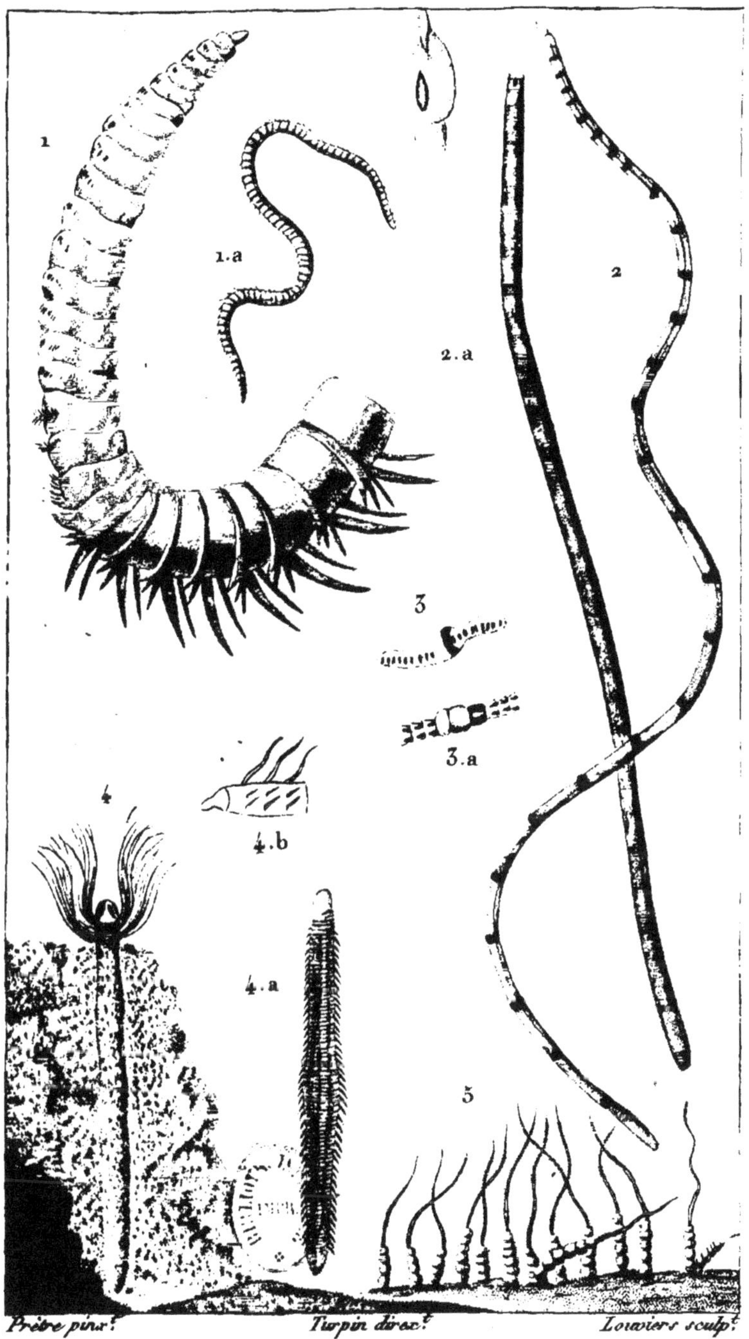

1-1a. SCOLOPLE armé. 2. TUBIFEX marin. 2a. *Son tube.*
3-3a. LOMBRIC des sables. *(G. Clitellio. Sav.)*
4. CIRRATULE boréal, *dans son tube.* 4a. *Hors du tube les cirres tombés.* 4b. *Quelques anneaux grossis.* 5. TUBIFEX des ruisseaux.

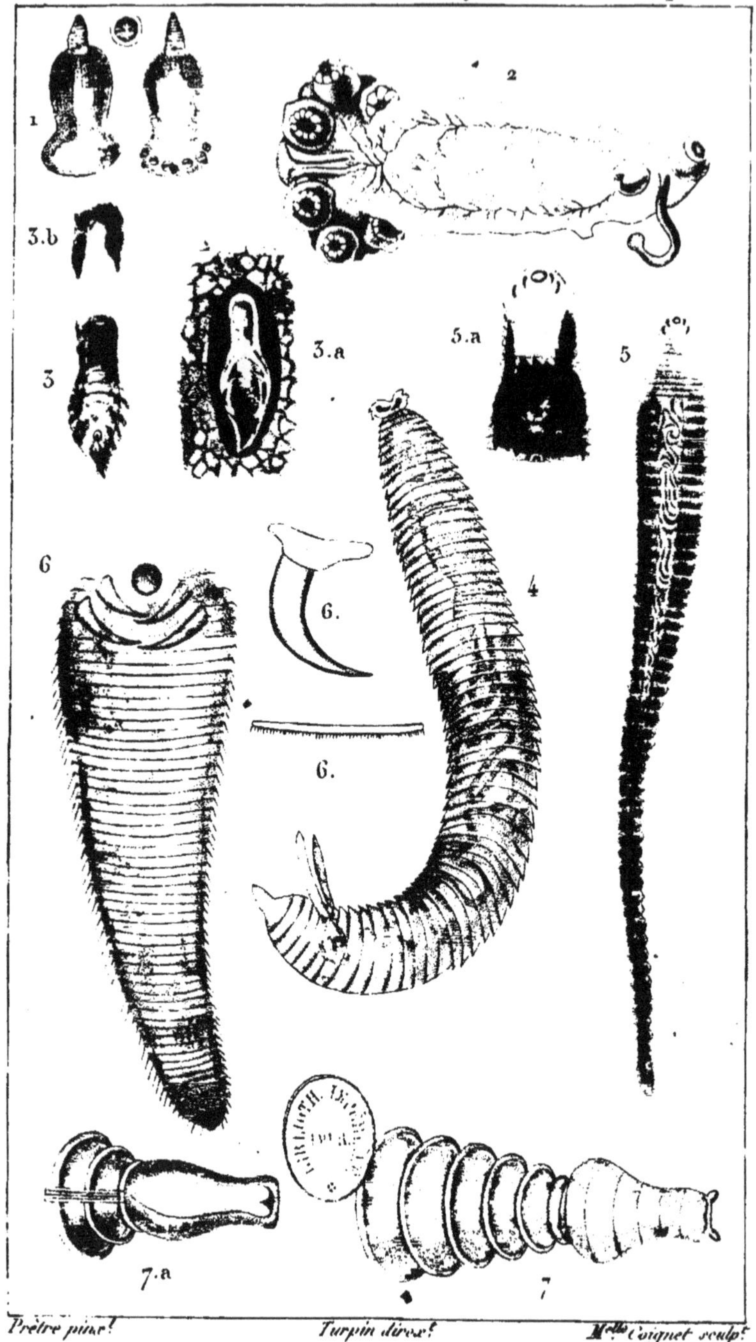

Prêtre pinx. *Turpin direx.* *Mlle Coignet sculp.*

1. POLYSTOME de Delaroche.
2. ——— très entier.
3.3a.3b. ——— pinguicole.
4. PRIONODERME ascaroïde.
5.5a. POLYSTOME tænioïde.
6.6a.6b. TÉTRAGULE de Bosc.
7.7a. NELTORHYNQUE rare.

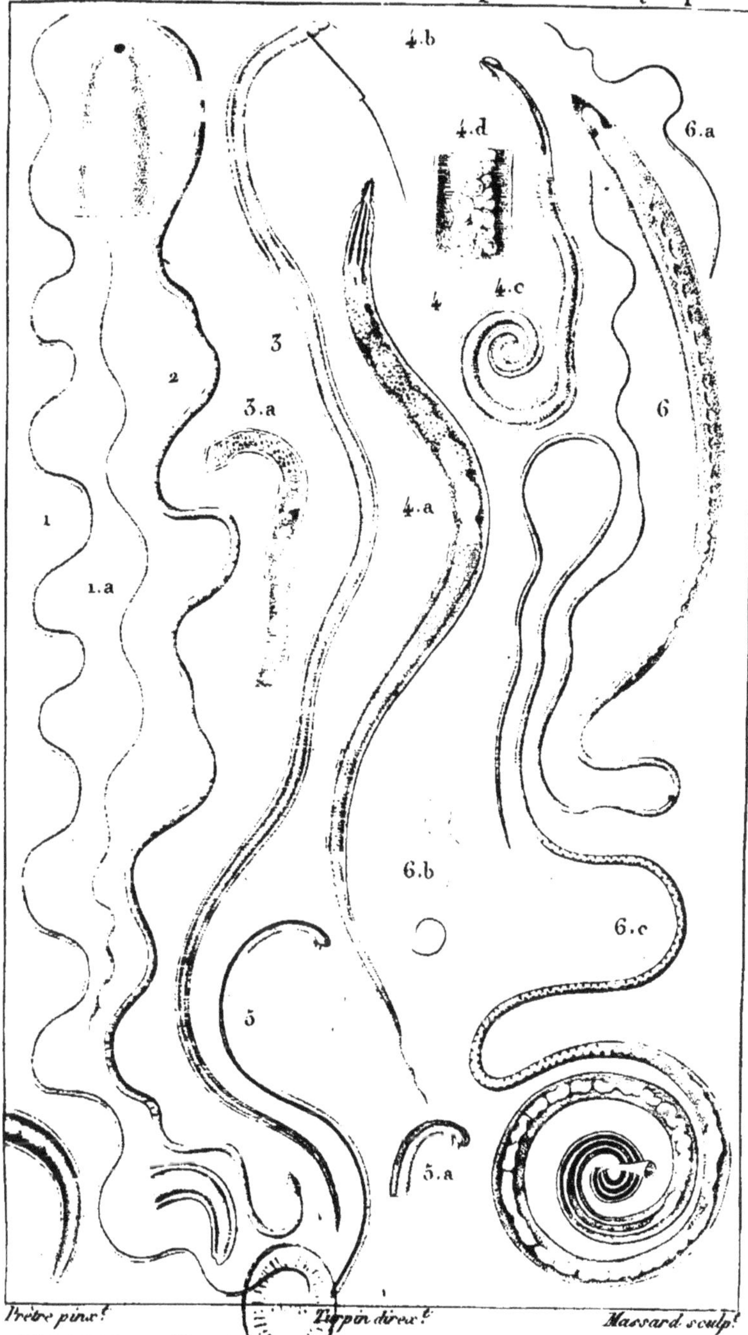

Prêtre pinx.t *Turpin direx.t* *Massard sculp.t*

1. FILAIRE grêle. *femelle*. 1.a *Le même mâle*. 2. FIL. Dragonneau. 3. TRICHOSOME infléchi. *mâle*. 3.a *Part. de la fem.* 4. 4.a. OXYURE de l'Homme. *fem.* 4.b. 4.c *Id. mâle*. 4.d. *Part. de la fem. très grossie*. 5. 5.a. HAMULAIRE subcomprimé. 6. 6.a. TRICHOCÉPHALE de l'Homme. *fem.* 6.b. 6.c. *Id. mâle*.

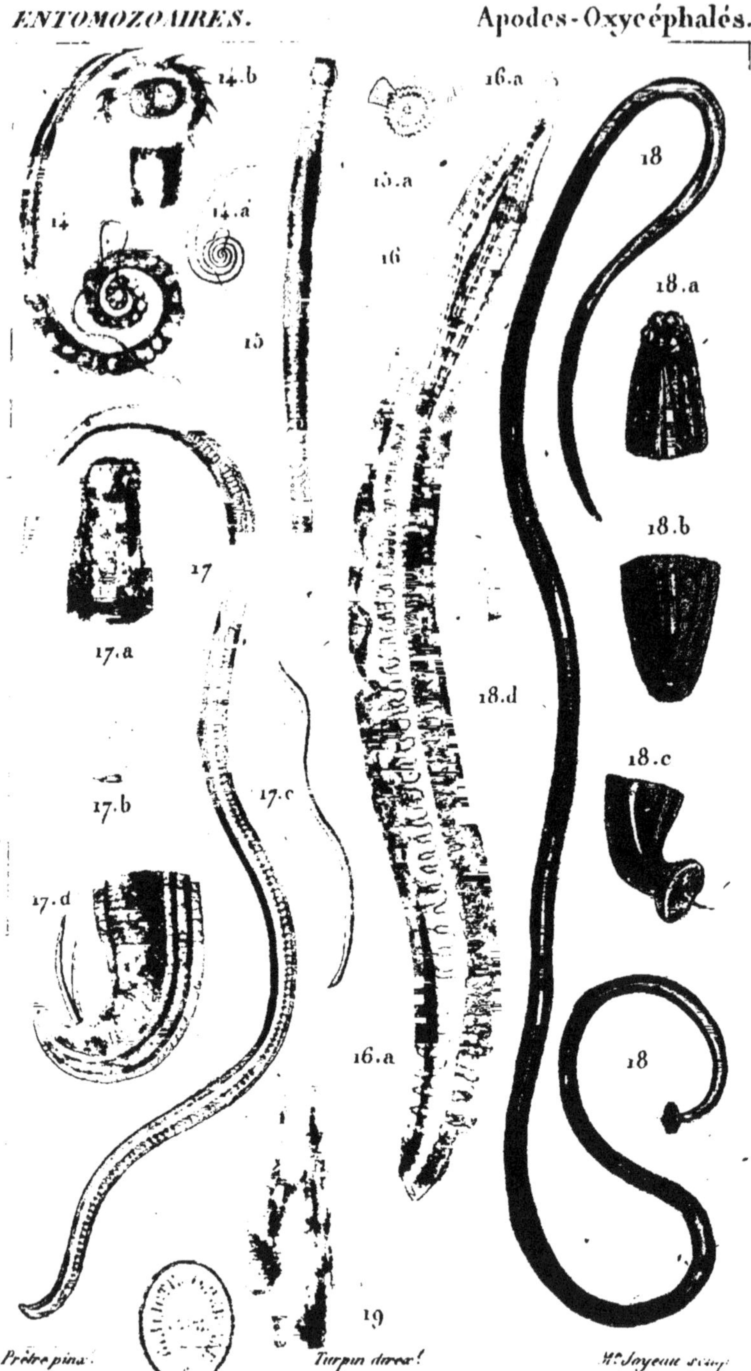

Prêtre pinx. Turpin direx! Mᵉ Joyeau sculp.

. TRICHOCÉPHALE herissé. 15.15 a. STRONGLE armé. 16.16 a. THÉLAZIE de Rhodes. 17. ASCARIDE lombricoïde *femelle.* 17 a. 17 b. *Extrem. ant. grossie.* 17 c. *Le même mâle.* 17 d. *Extrém. post. grossie.* 18.18 a. b. c. d. STRONGLE géant. 19. ASCARIDE crénelé.

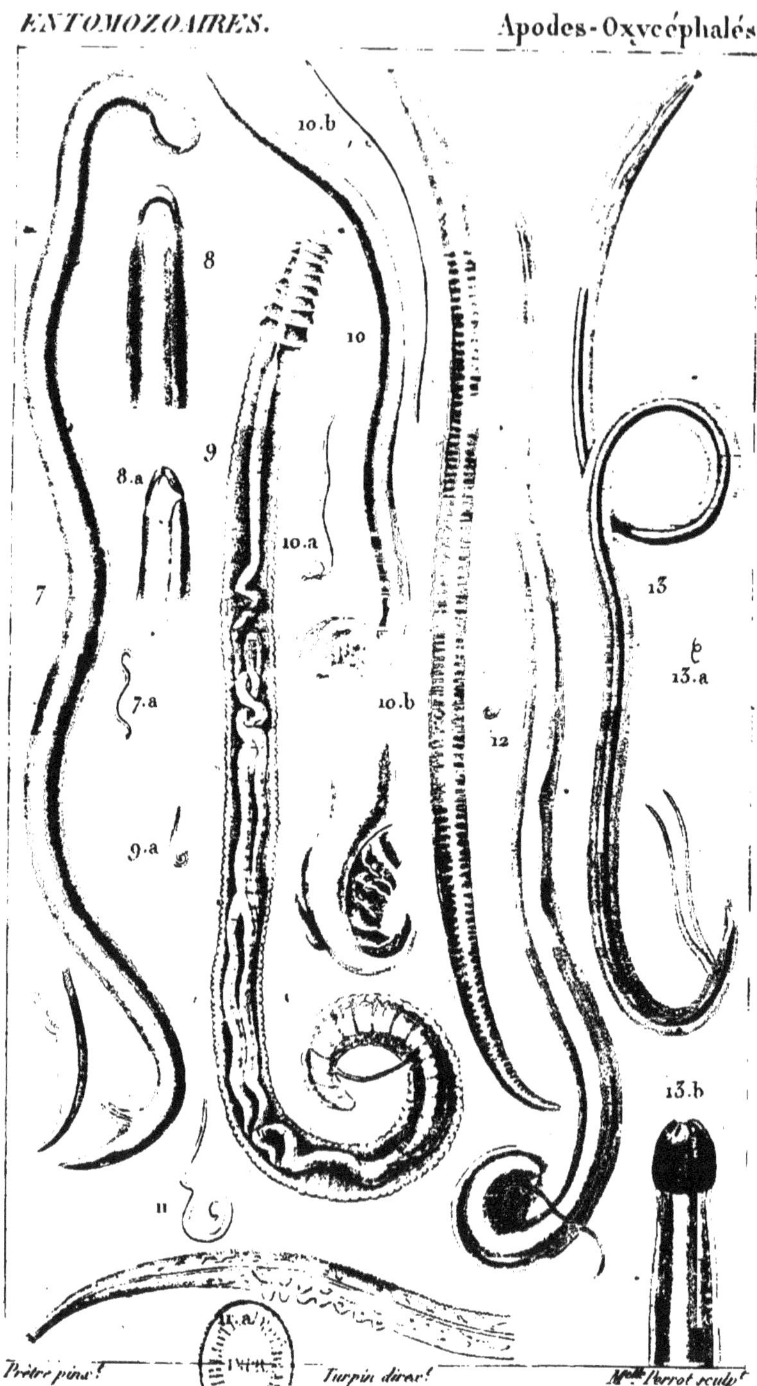

Prêtre pinx! Turpin direx! Mlle Perrot sculp.t

7.7a. OPHIOSTOME sphérocéphale. 8.8a. OPHIOST. mucroné. 9.9a. LIORHYNQUE denticulé. 10.10b. PHYSALOPTÈRE clos. *(Mâle et femelle)* 11.11a. TRICHOCÉPHALE noduleux. 12. SPIROPTÈRE strongylin. 13.13a.13b. CUCULLAN élégant.

ENTOMOZOAIRES. Apodes-Echinocéphalés.

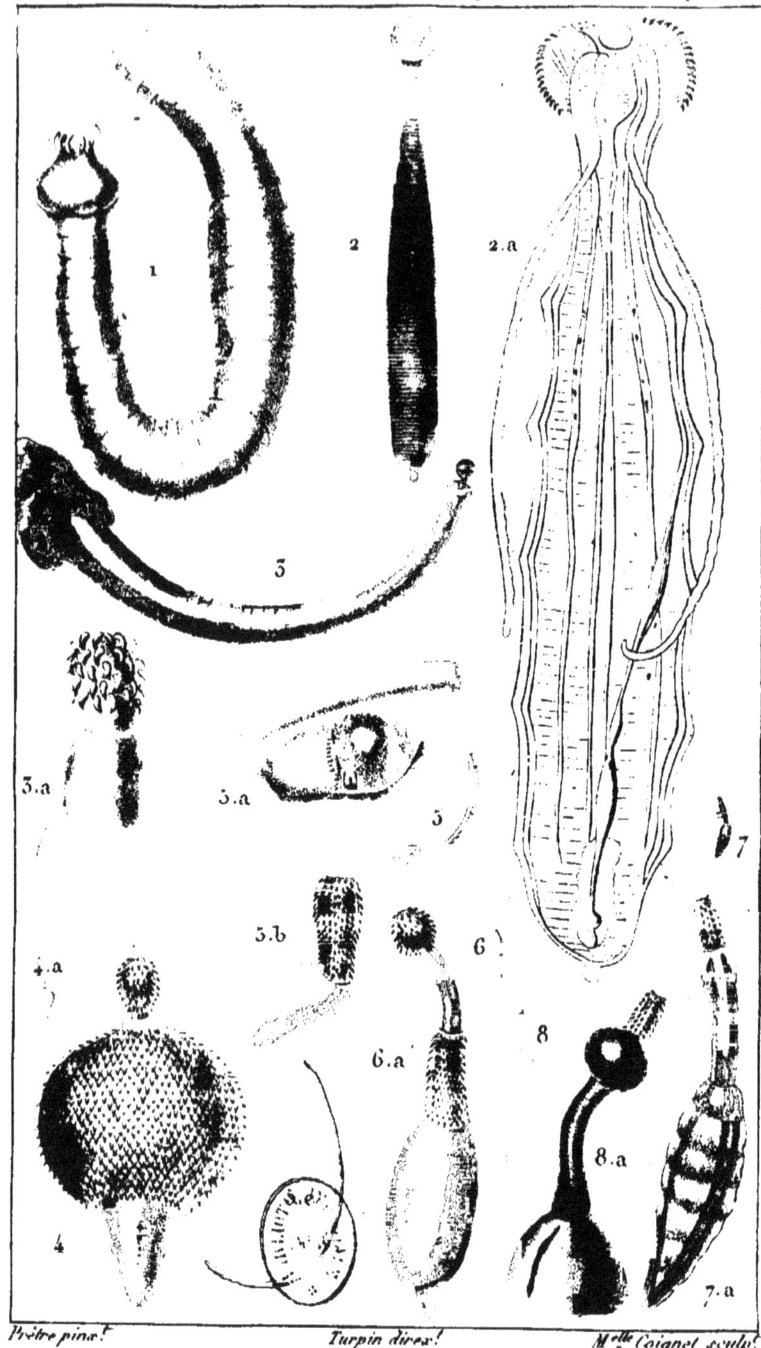

Prêtre pinx.t *Turpin direx.t* *M.elle Coignet sculp.t*

1. ECHINORHYNQUE du Rat.
2.2a. ———— de la Baleine.
3.3a. ———— Géant.
4.4a. ———— pyriforme.
5.5a.5b.5c. ECHIN. à queue.
6.6a. ———— sphérocéphale.
7.7a. ———— noduleux.
8.8a. ———— *le même.*

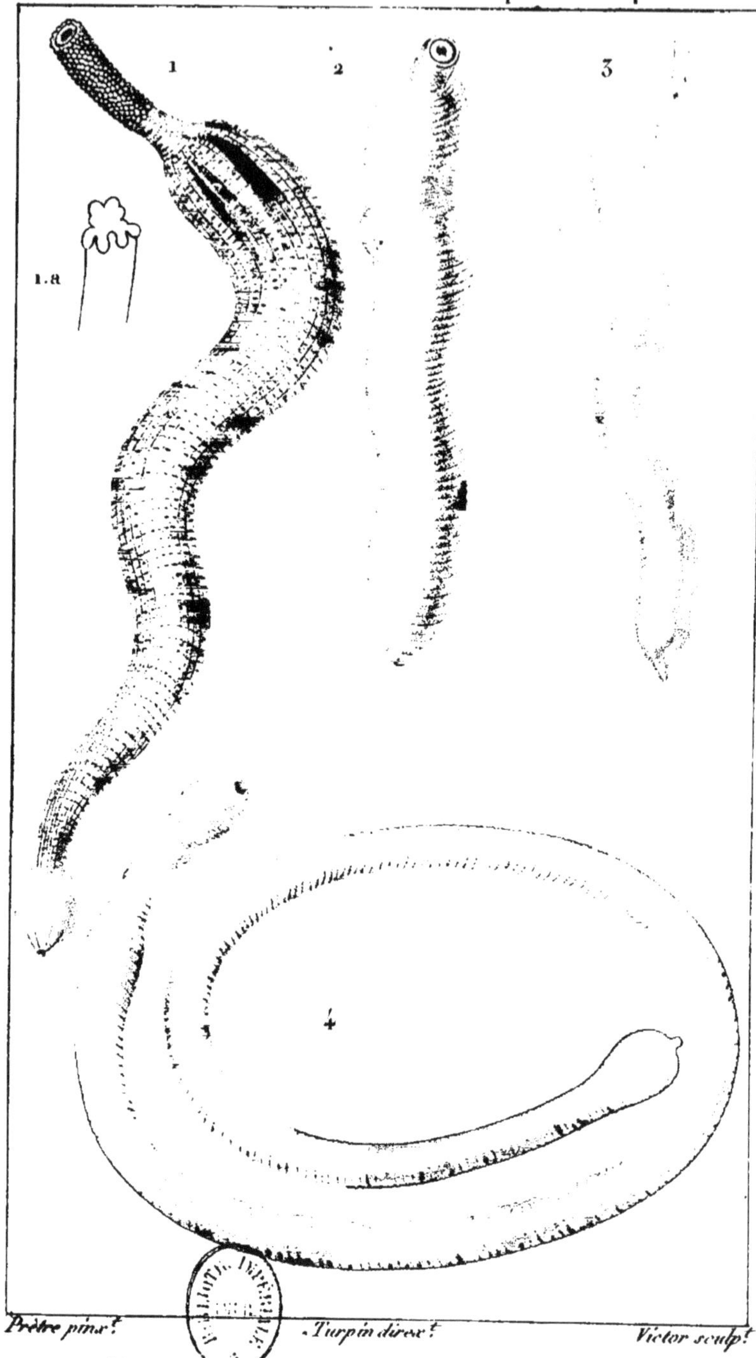

Prêtre pinx.t *Turpin direx.t* *Victor sculp.t*

1. SIPONCLE nu. 1.a. *Une des papilles de la trompe.*
2. SIP. microrhynque. 3. SIP. macrorhynque.
4. SIP. édule.

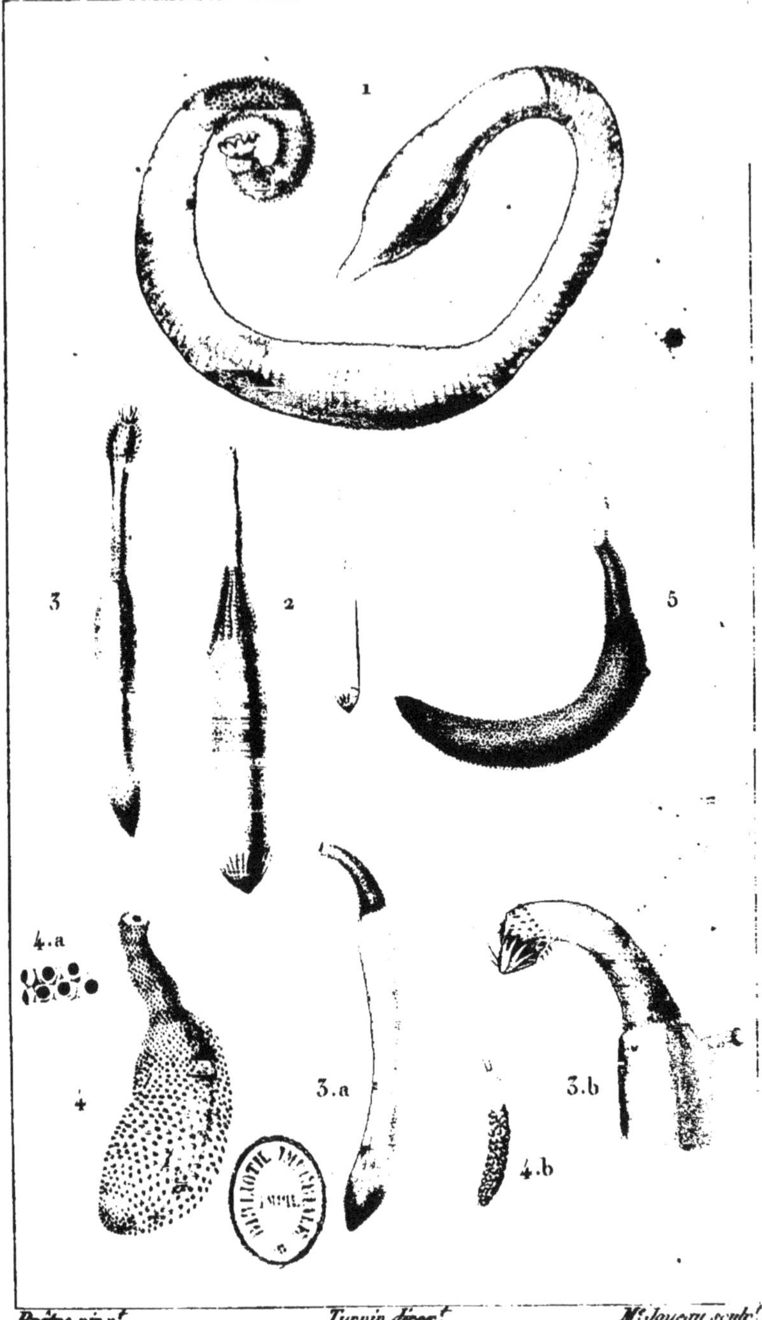

Prêtre pinx.t *Turpin direx.t* *M.t Joyeau sculp.t*

1. SIPONCLE phalloïde. 2. S. en Massue.
3.3a.3b. S. commun. 4.4a.4b. S. de Gênes.
5. S. tuberculé.

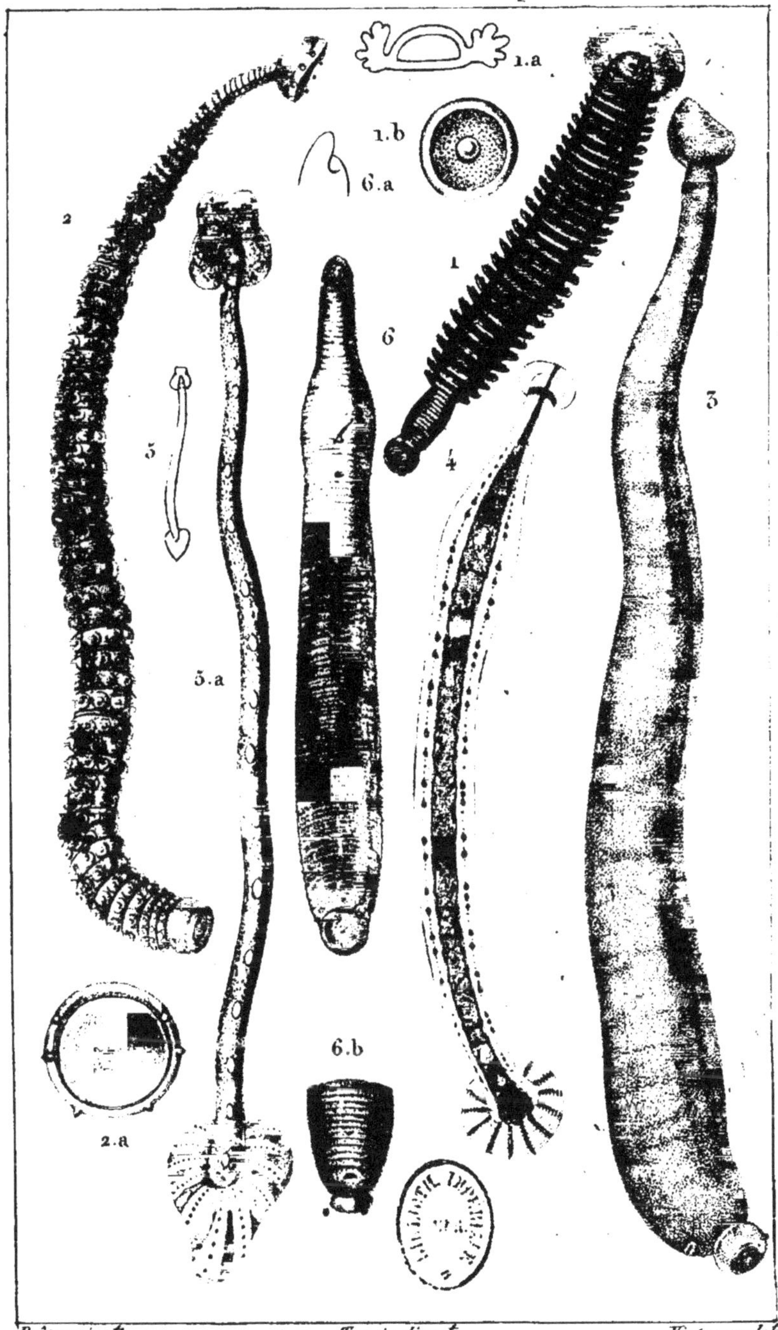

Prêtre pinx.t *Turpin direx.t* *Victor sculp.t*

1. BRANCHIOBDELLE de la Torpille. 1.a. *Un de ses anneaux gr.* 1.b. *Sa vent. post.* 2. SANGSUE épineuse. *(Pontobdella spinosa)* 2.a. *Son disque antérieur grossi vu en avant.* 3. S. lisse. 4. S. à bandelettes. 5. S. géomètre. *(Ichthyobdella geometra)* 5.a. *La même grossie.* 6. S. de Du Trochet. *(Geobdella Trochetii) en dessous.* 6.a. *Son extrémité antér. vue de profil.* 6.b. *Son extrémité postér. vue en dessus.*

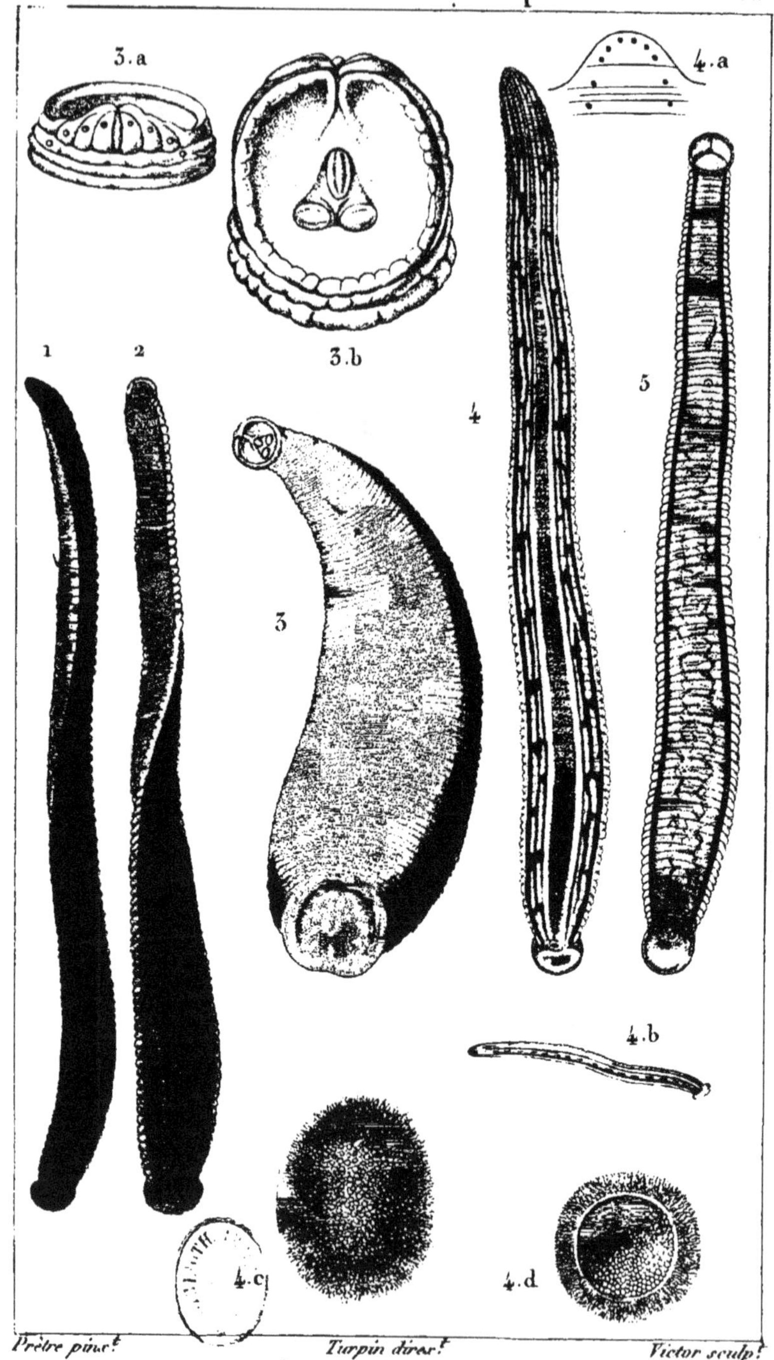

Prêtre pinx.t *Turpin direx.t* *Victor sculp.t*

1. SANGSUE noire. *(Pseudobdella nigra)* 2. S. sanguisorbe. *(Hippobdella sanguisorba)* 3. S. du Nil. *(Bdella nilotica)* 3.a *Extrémité antér. grossie.* 3.b. *Sa bouche également grossie.* 4. S. médicinale grise. *(Iatrobdella medicinalis) var. grisea.* 4.a *Extrémité antér. grossie.* 4.b. *La même de deux ans.* 4.c. *Son cocon entier en dehors.* 4.d. *Cocon coupé en deux et vu en dedans.*

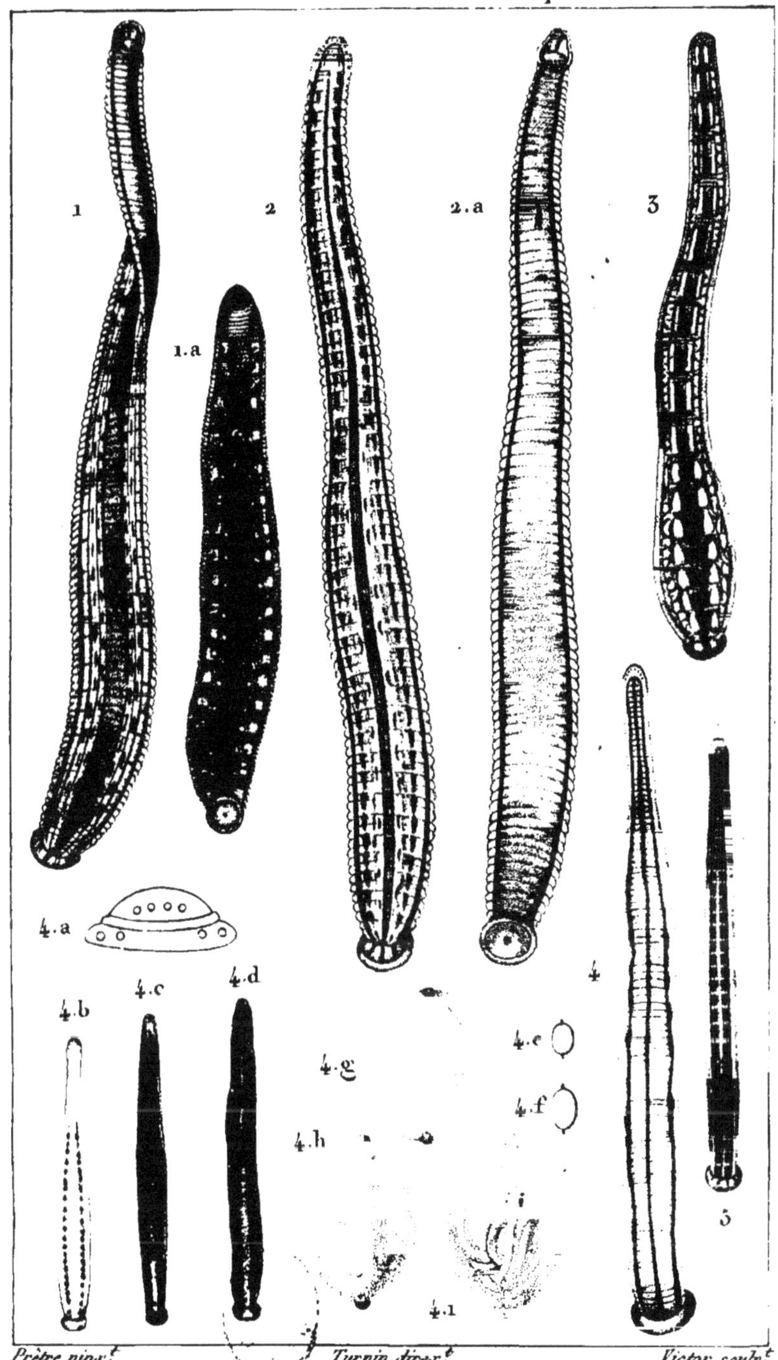

Prêtre pinx.t *Turpin direx.t* *Victor sculp.t*

1. SANGSUE médicinale verte. *(Iatrobdella medicinalis viridis) en dessus.* 1.a. S. médicin.le marquetée. *(Iatrob. med.lis tessellata) en dessous.* 2. S. de Provence. *(Iatrob. provincialis) en dessus.* 2.a. *La même en dessous.* 3. S. de Verbano. *(Iatrob. verbana)* 4. S. vulgaire *(Erpobdella vulgaris) en dessus.* 4.a. *Ses points oculaires.* 4.b. 4.c. 4.d. *var. de la même.* 4.e. 4.f. *Son cocon de grand. nat.* 4.g. 4.h et 4.i. *Le même grossi et dans trois états de dévelop.nt* 5. S. atomaire. *(Erpob. atomaria.*

ZOOLOGIE.

ENTOMOZOAIRES. Apodes-Hirudinés.

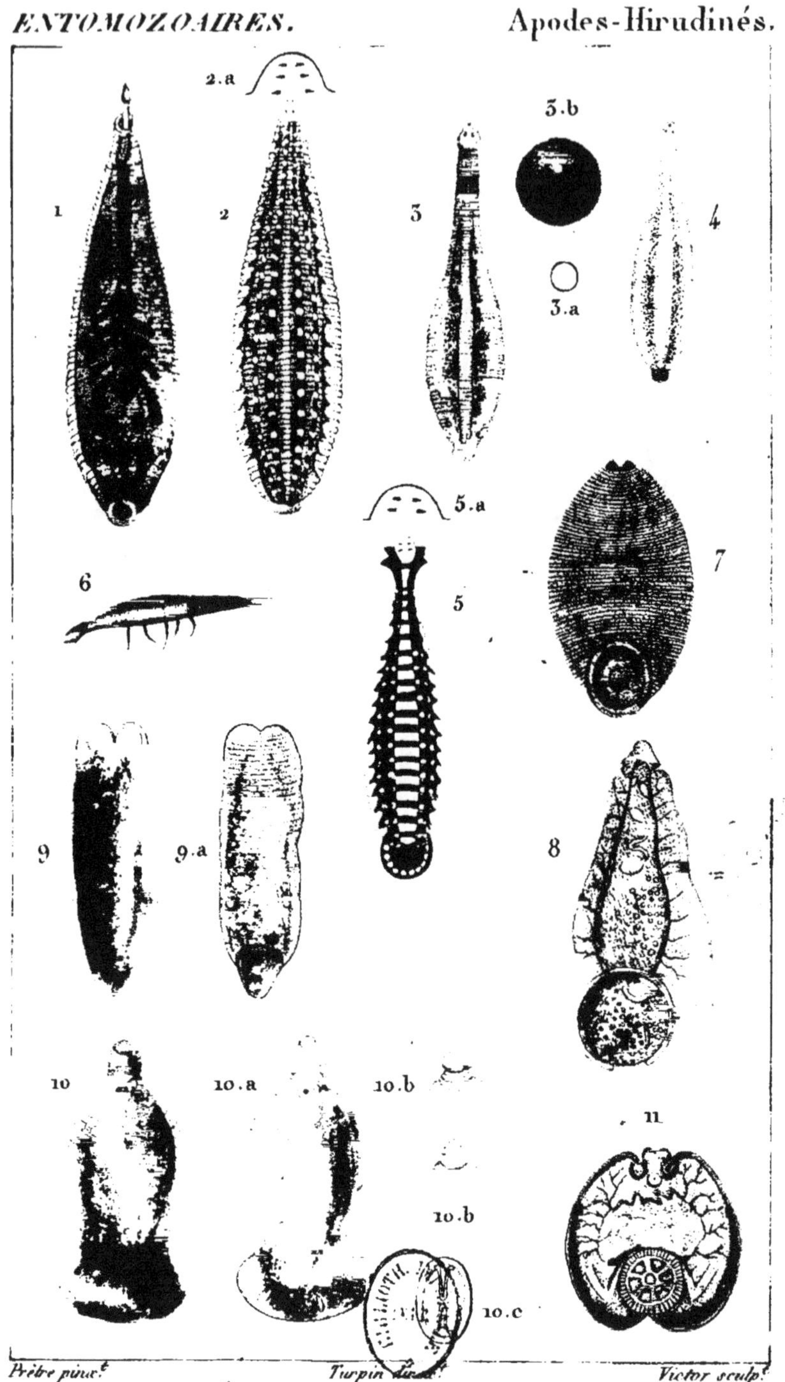

Prêtre pinx.t *Turpin direx.t* *Victor sculp.t*

1. SANGSUE aplatie. *(Glossobdella complanata) vue en dessous la trompe sortie.* 2. *La même vue en dessus.* 2. a. *Ses points oculaires.* 3. S. bioculée. *(Glos. bioculata)* 3. a. *Un cocon de grand. nat.* 3. b. *Id. grossi.* 4. S. trioculée. *(Glos. trioculata)* 5. S. cephalote. *(Ichthyobdella cephalota)* 5. a. *Ses points pseudooculaires.* 6. S. pulligere. *(Glossob.la pulligera) de profil portant ses petits.* 7. S. cloporte. *(Glos. Oniscus) en dessous.* 8. S. de l'Hippoglosse. *(Epibdella hippoglossi) en dessous.* 9. S. grosse. *(Malacobdella grossa) en dessus.* 9. a. *La même en dessous.* 10. POLYRHYSE de Delaroche. *(Polyrhyza Delarochii) (Polystome du Thon) en dessus.* 10. a. *La même en dessous.* 10. b. *Ses anneaux céphaliques.* 10. c. *Une des ventouses postér.s avec sa paire de crochets.* 11. CAPSALE rouge *(Tristoma coccineum) (Cuv.)*

ZOOLOGIE.

PARENTOMOZOAIRES. Aporocéphalés. Nemertés.

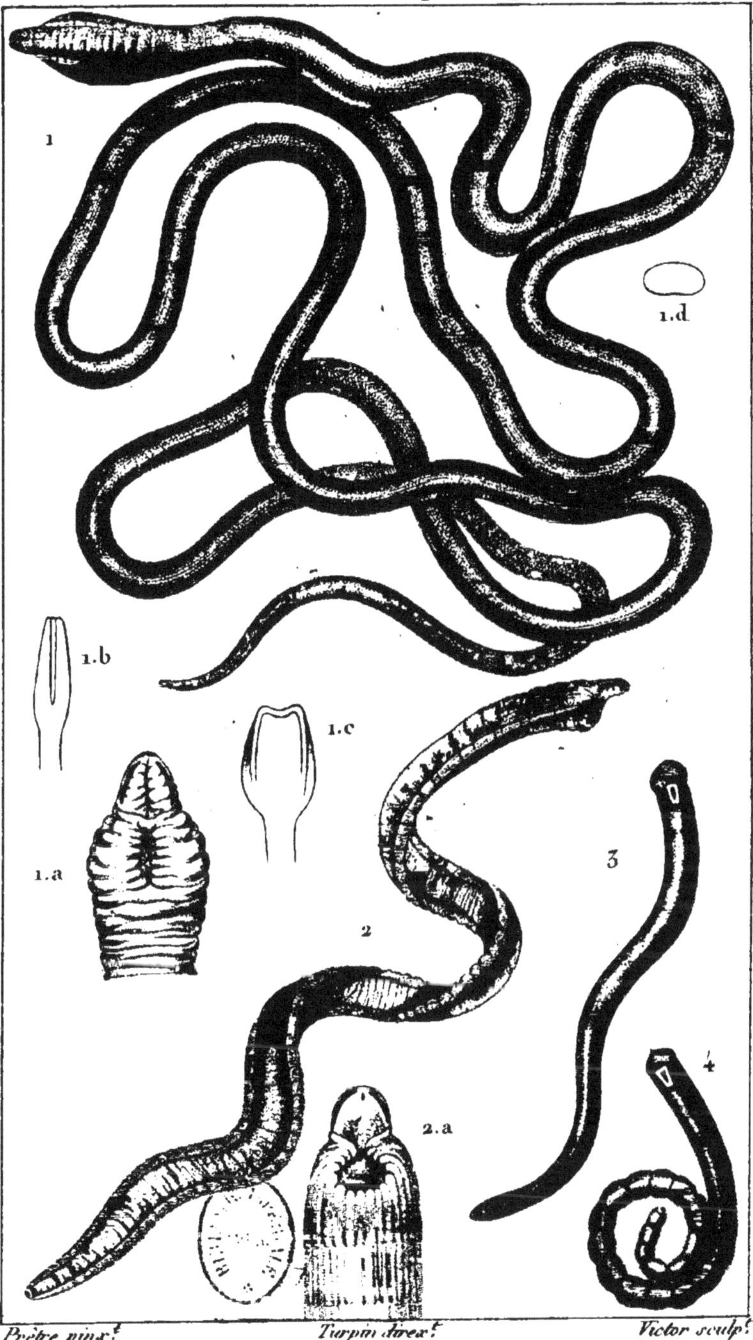

Prêtre pinx.t *Turpin direx.t* *Victor sculp.t*

1. BORLASIE d'Angleterre. *(B. angliæ.)* 1.a. *Son extré-mité orale vue en dessous.* 1.b. *de coté.* 1.c. *en dessus.* 1.d. *Coupe du corps.* 2. CÉRÉBRATULE bilinéé. 2.a. *Son extrém. orale en dessous.* 3. TUBULAN polymorphe. 4. T. élégant.

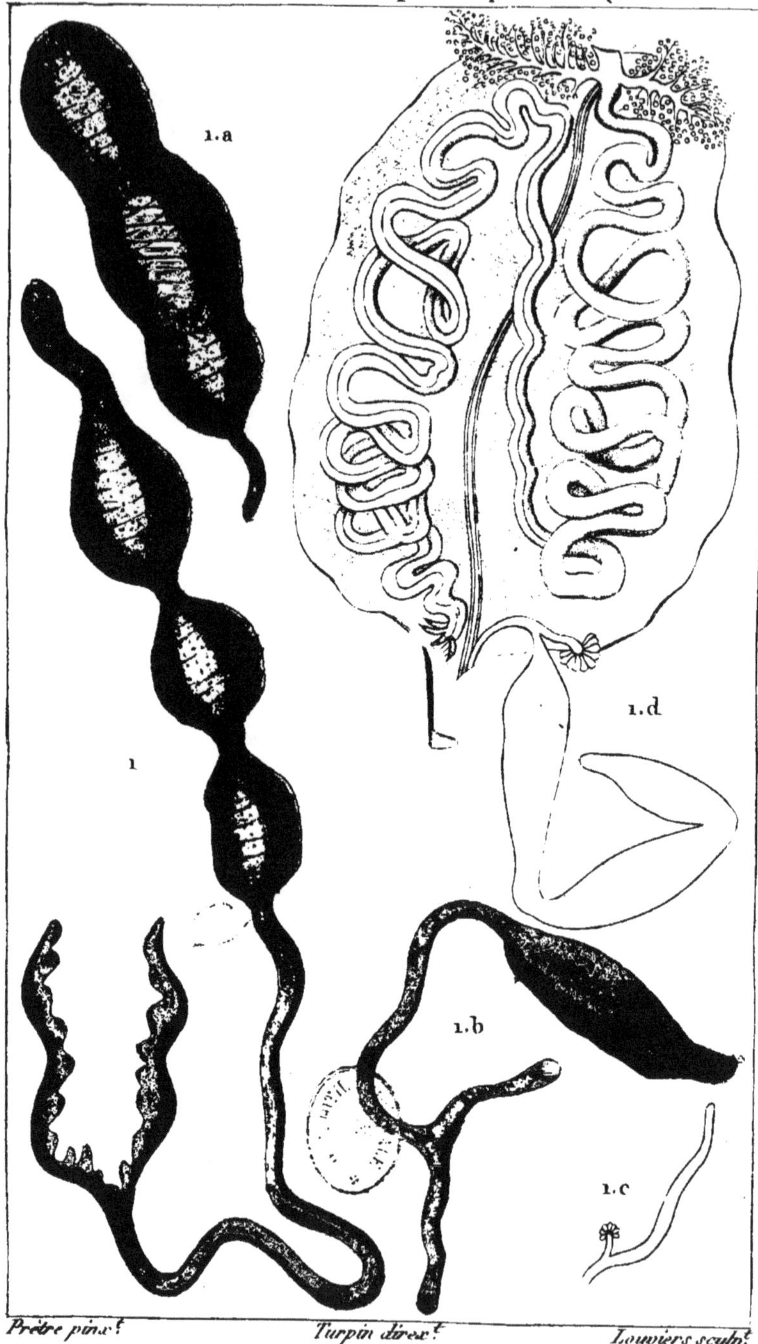

Prêtre pinx.t *Turpin direx.t* *Louviers sculp.t*

1. BONELLIE verte, *entière*. 1a. *Corps de la même*. 1b. *Individu plus petit*. 1c. 1d. *Détails anatomiques*.

1 2 3 4 5 6 7 8 9 10

11 12 13 14 12.b 12.c 10.a

15 15.a

16

1.a

17

10.b

12.a

18 18

Prêtre pinx.t *Turpin direx.t* *M.e Massard sculp.t*

1.1a.PROSTOME clepsinoïde.2.DEROSTOME notops.3.D.linéaire.4.D.leucopse.5.D.squale.6.D.gros.7.D.plature.8.D.polygastre.9.PLANAIRE verdatre.10.10a.10b.P.noire.11.*La même grossie*.12.12a.12b.12c.P.lactée.13.P.subtentaculée.14.P.trémellaire.15.15a.P.cornue.16.P.terrestre.17.P.brune *accouplée*.18.PLANOCÈRE de Gaymard.

ENTOMOZOAIRES. Apodes-Int. Porocéphalés.

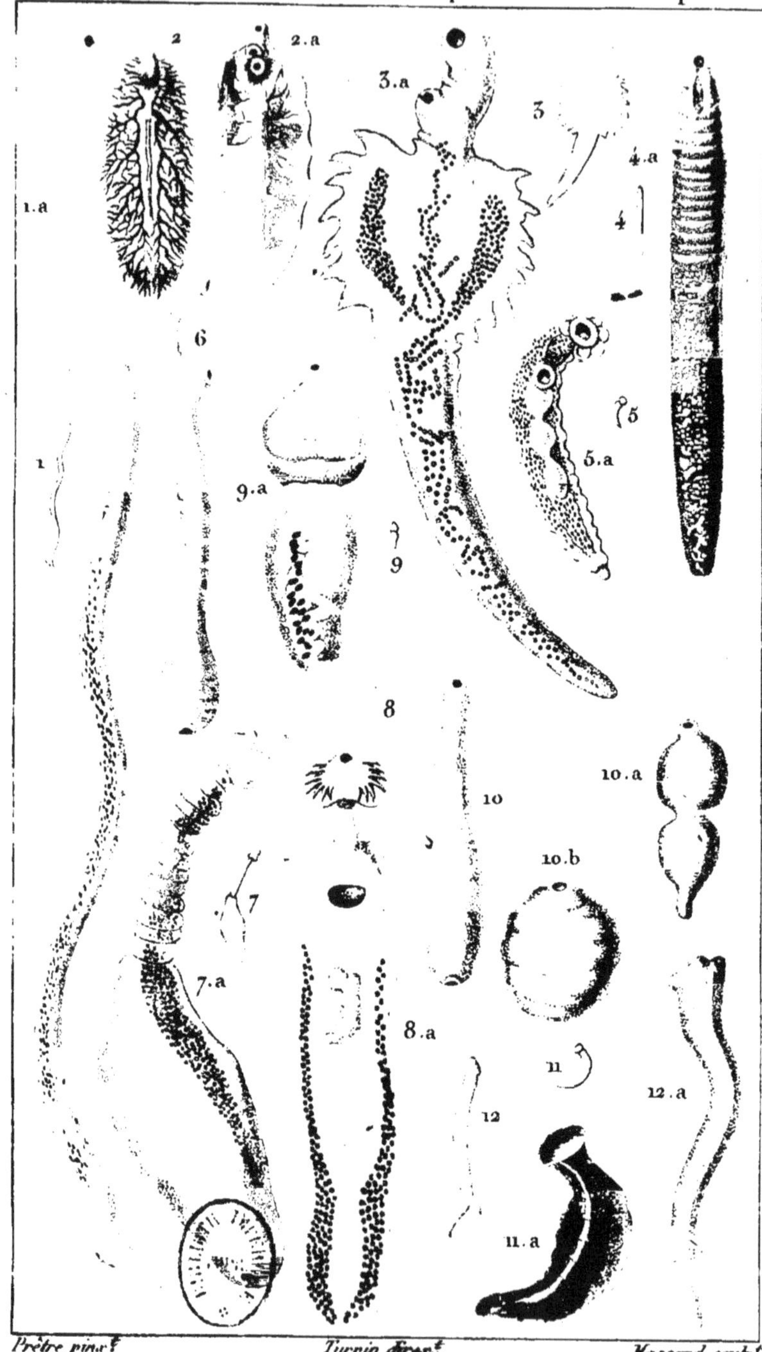

Prêtre pinx.t *Turpin direx.t* *Massard sculp.t*

1.1.a. MONOSTOME Botte. 2. FASCIOLE hépatique. 2.a. *La même en dessous.* 3.3.a FAS. de Brongniart. 4.4.a. MONOST. caryophyllin. 5.5.a. FAS. laurinée. 6. HIRUDINELLE en Massue. 7.7.a. AMPHI-STOME longicolle. 8. FAS. échinée. 9. AMPHIST. Bonnet. 10.10.a. 10.b. AMPHIST. du Dauphin. *trois formes différentes.* 11.11.a. GÉROFLÉE changeante. 12.12.a. *Autre forme du même.*

ZOOLOGIE.

ENTOMOZOAIRES. Apodes-Intestinaux.

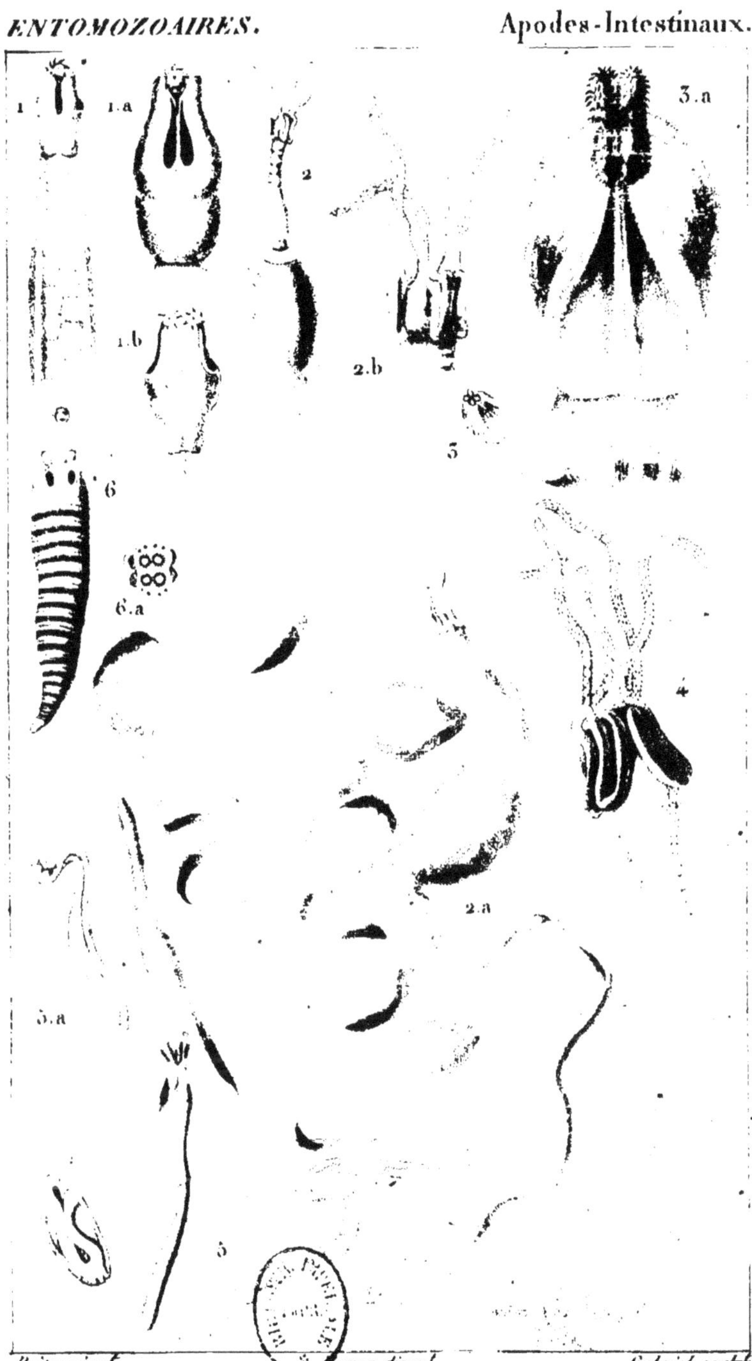

Prêtre pinx.t *Turpin direx.t* *Gabriel sculp.t*

1. **DIBOTHRIORHYNQUE** du Lépidope. 1a. 1b. *Sa tête grossie.*
2. 2a. 2b. **GYMNORHYNQUE** rampant. 3. 3a. **TETRARHYNQUE** discophore. 4. **ANTHOCÉPHALE** macroure. 5. **FLORICEPS** de Cuvier *hors du sac.* 5a. *Id. dans le sac.*

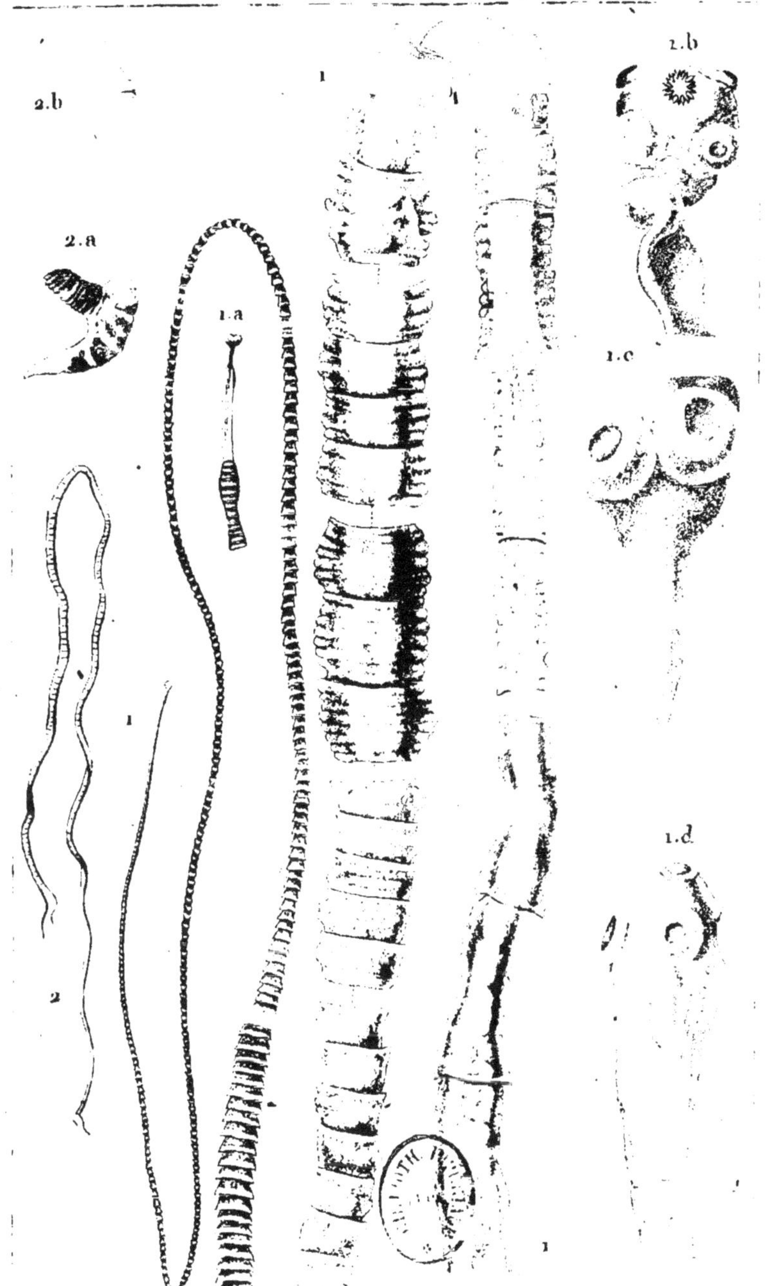

Prêtre pinx.t *Turpin direx.t* *Victor sculp.t*

1. TÆNIA de l'Homme. (Tænia *solium*) *presqu'entier.* 1 a. *Son extrémité céphalique grossie.* 1 b. *Sa tête beaucoup plus grossie avec la couronne de crochets.* 1 c. 1 d. *La même partie sans couronne de crochets.*

2. TÆNIA Marteau. *(grand nat.)* 2 a. 2 b. *Sa tête grossie.*

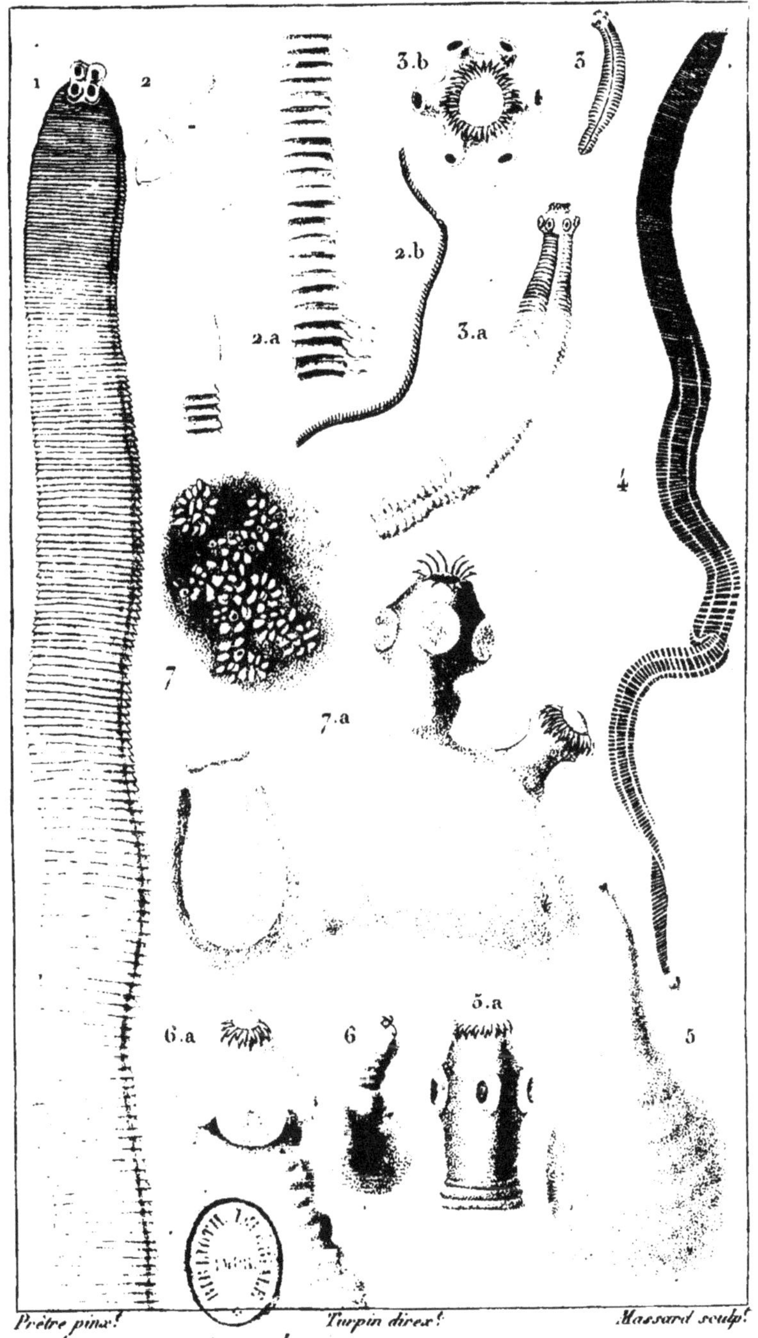

Prêtre pinx.t *Turpin direx.t* *Massard sculp.t*

1. TÉNIA plissé. 2. TÉN. villeux. *Sa tête.* 2-a *Id. part. du corps grossie.* 2-b. *Id. grand. nat.* 3. TÉN. crassicolle. 3-a *Id. grossi.* 3-b. *Sa tête vue en dessus.* 4. CYSTICERQUE fasciolaire. 5. CYST. ténuicolle 5-a. *Sa tête grossie.* 6. CYST. celluleux. 6-a. *Sa tête grossie.* 7. CÆNURE cérébral *entier.* 7-a. *Plusieurs têtes grossies.*

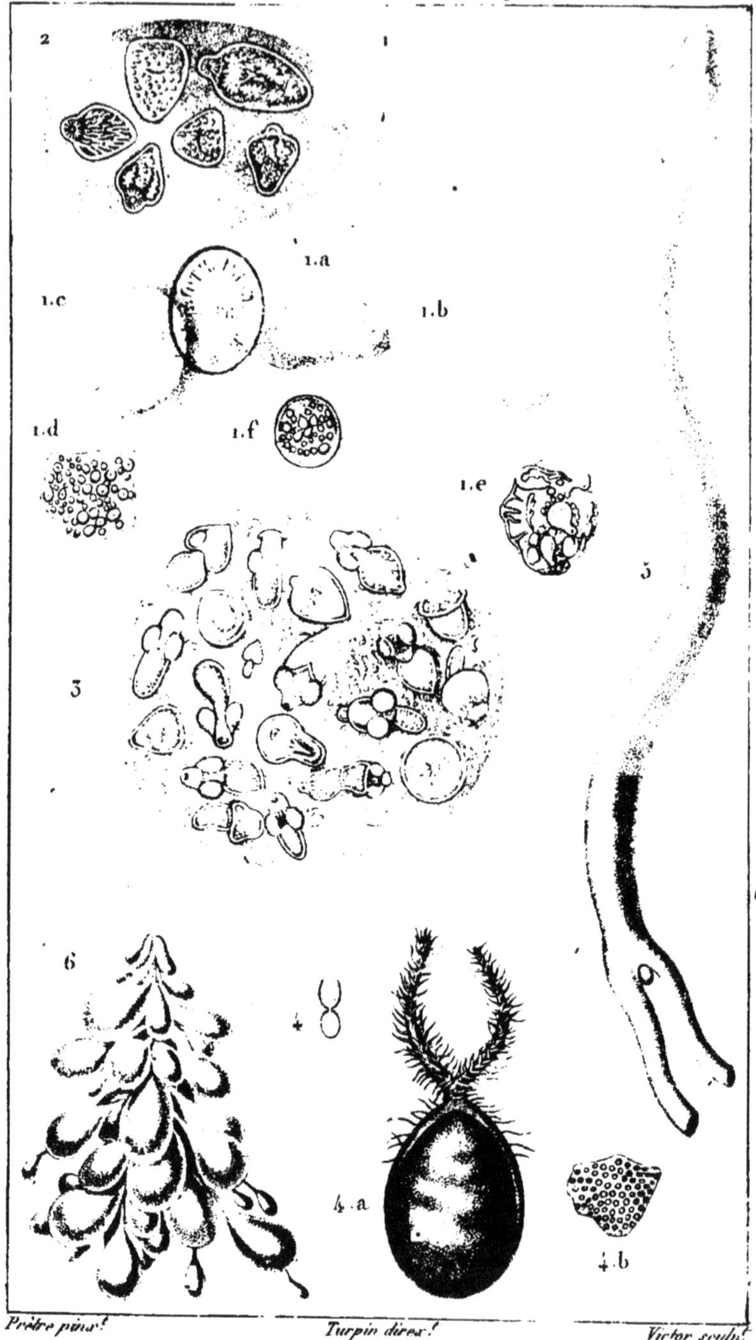

Prêtre pinx.t *Turpin direx.t* *Victor sculp.t*

1.1a.1b.1c. ECHINOCCOQUE de l'Homme. 1d.1e.1f. *Granulations de sa membrane interne*. 2. *Plusieurs* ECHINOC. de l'Homme. *grossis*. 3. ECHIN. des Animaux. 4. DITRACHYCÈRE rude. *(Gr. nat.)* 4 a. *Grossi*. 4 b. *Part. de sa peau*. 5. SCHISTURE de Rédi. 6. HYDROMÈTRE à grappes.

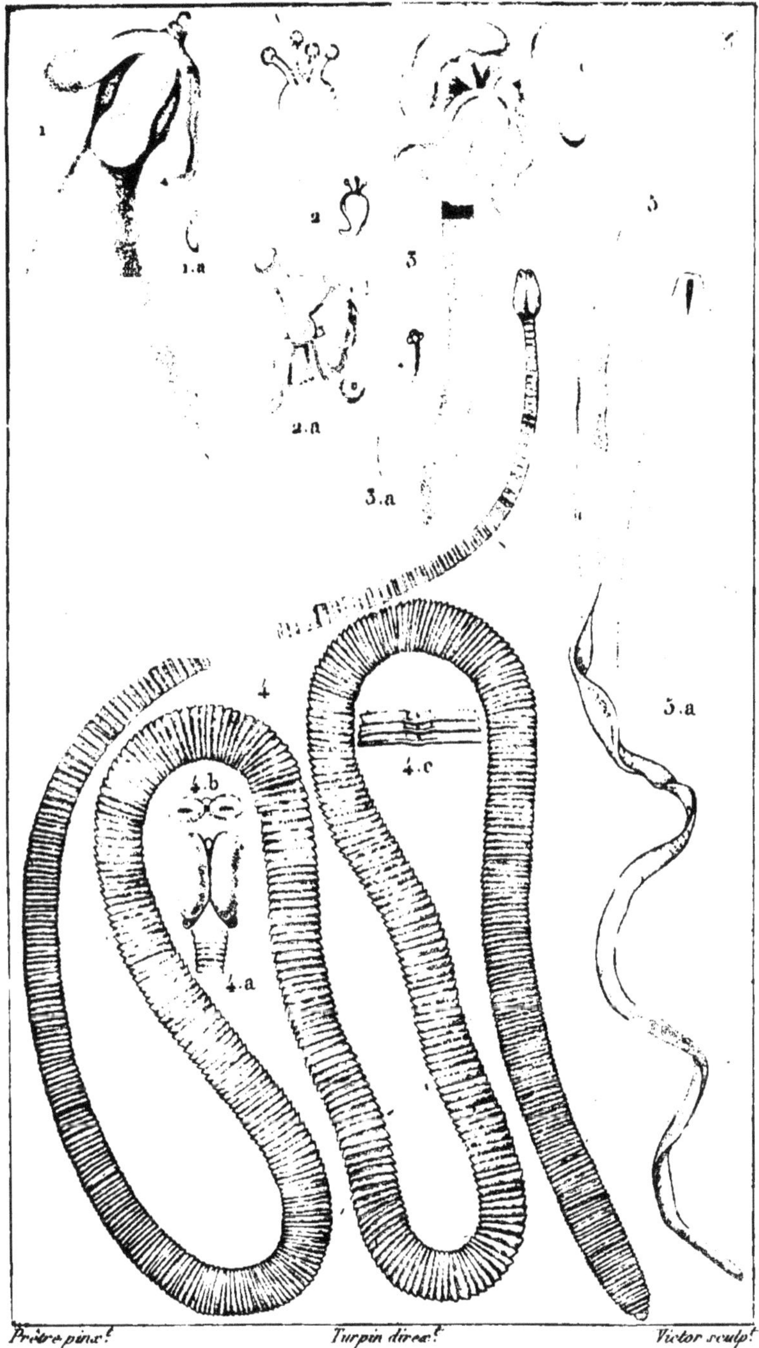

Prêtre pinx.t Turpin direx.t Victor sculp.t

1.1a. MASSETE polymorphe. 2.2a. TENTACULAIRE papilleux.
3.3a. BOTHRIOCÉPHALE auricule. 4. BOTHRIDIE du Pithon.
4a. *Sa tête grossie.* 4b. *Les deux sucoirs vus en avant.* 4c. *Quelques articul. gros.s*
5.5a. LIGULE très simple.

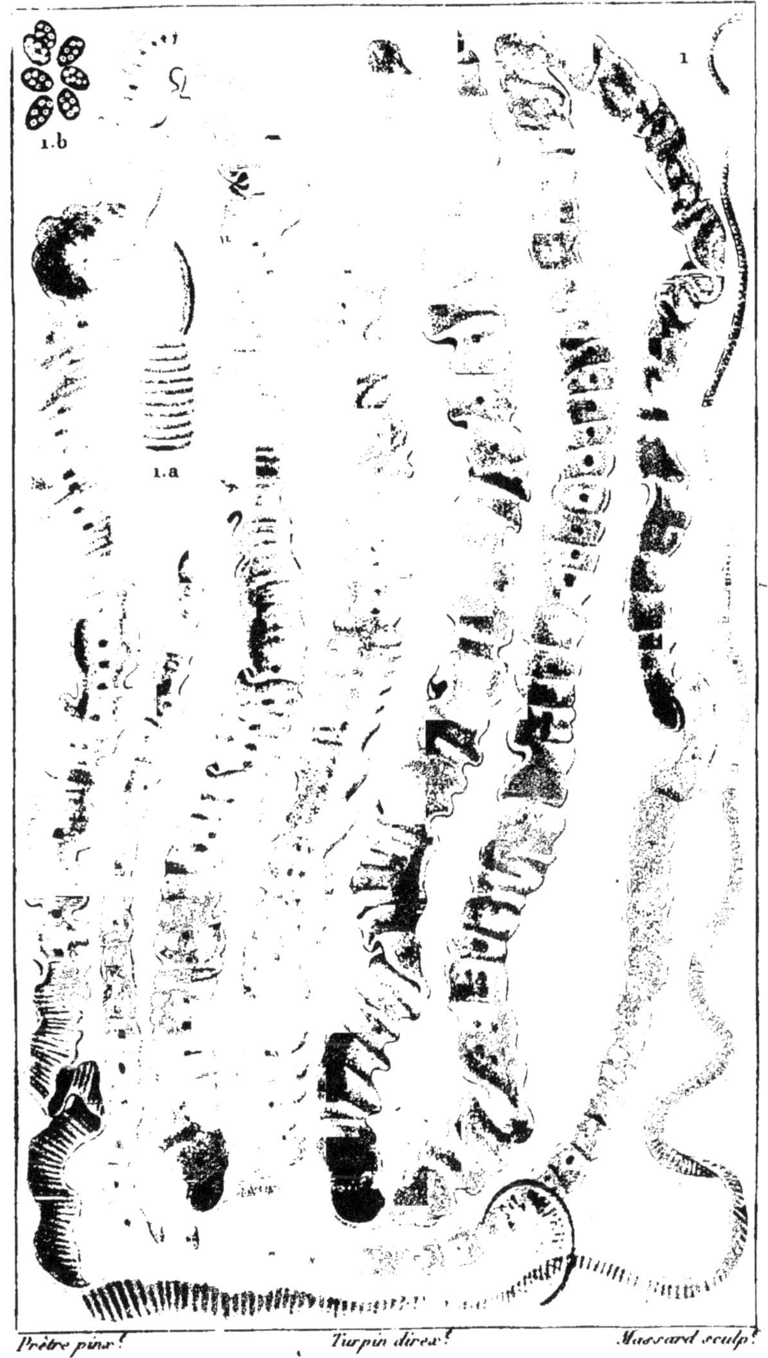

Prêtre pinx. *Turpin direx.* *Massard sculp.*

1. BOTHRIOCÉPHALE de l'Homme. *(Tenia large)*

1.a. *Sa tête grossie.* 1.b. *Quelques œufs.*

ZOOLOGIE.

ENTOMOZOAIRES. Apodes-Intestinaux.

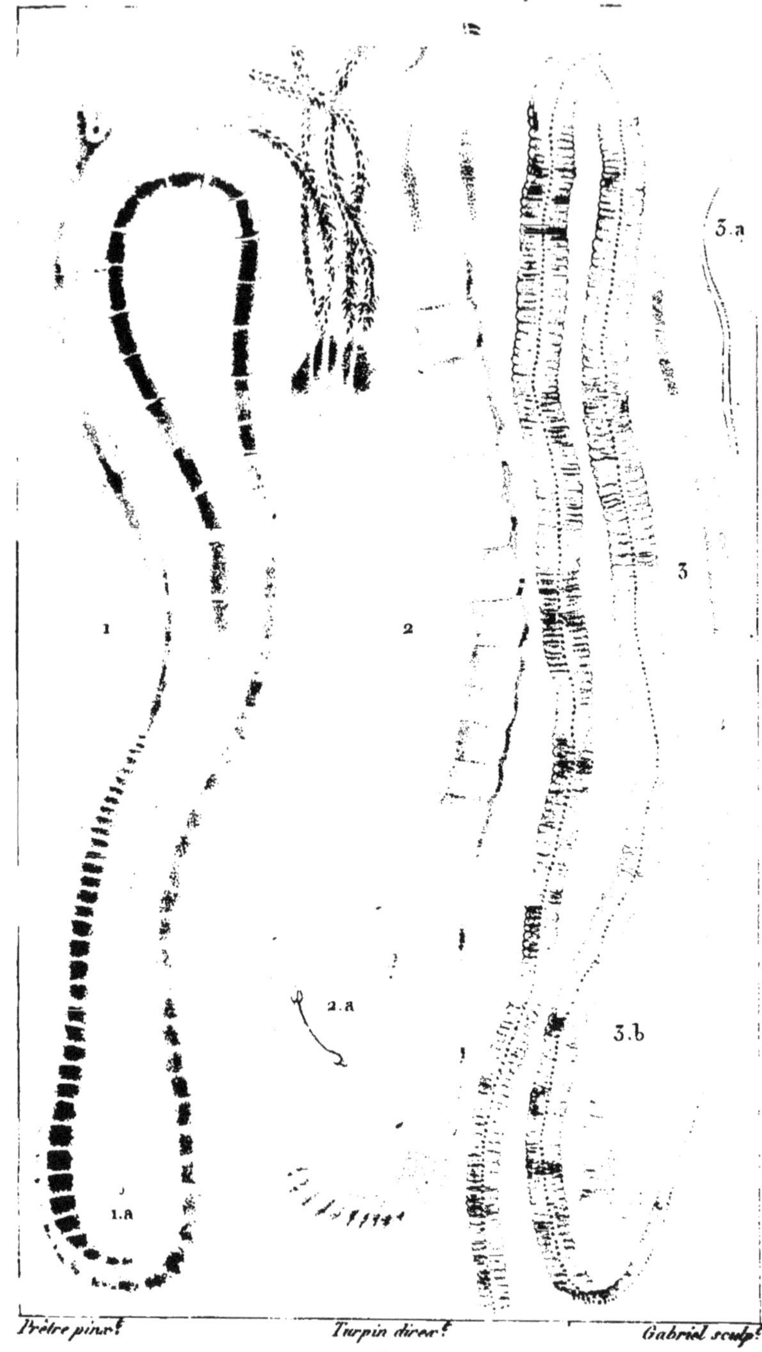

Prêtre pinx.t *Turpin direx.t* *Gabriel sculp.t*

1.1a. BOTHRIOCÉPHALE couronné.

2.2a. ———————— corolle.

3.3a.3b. TRIENOPHORE noduleux.

ZOOPHYTES

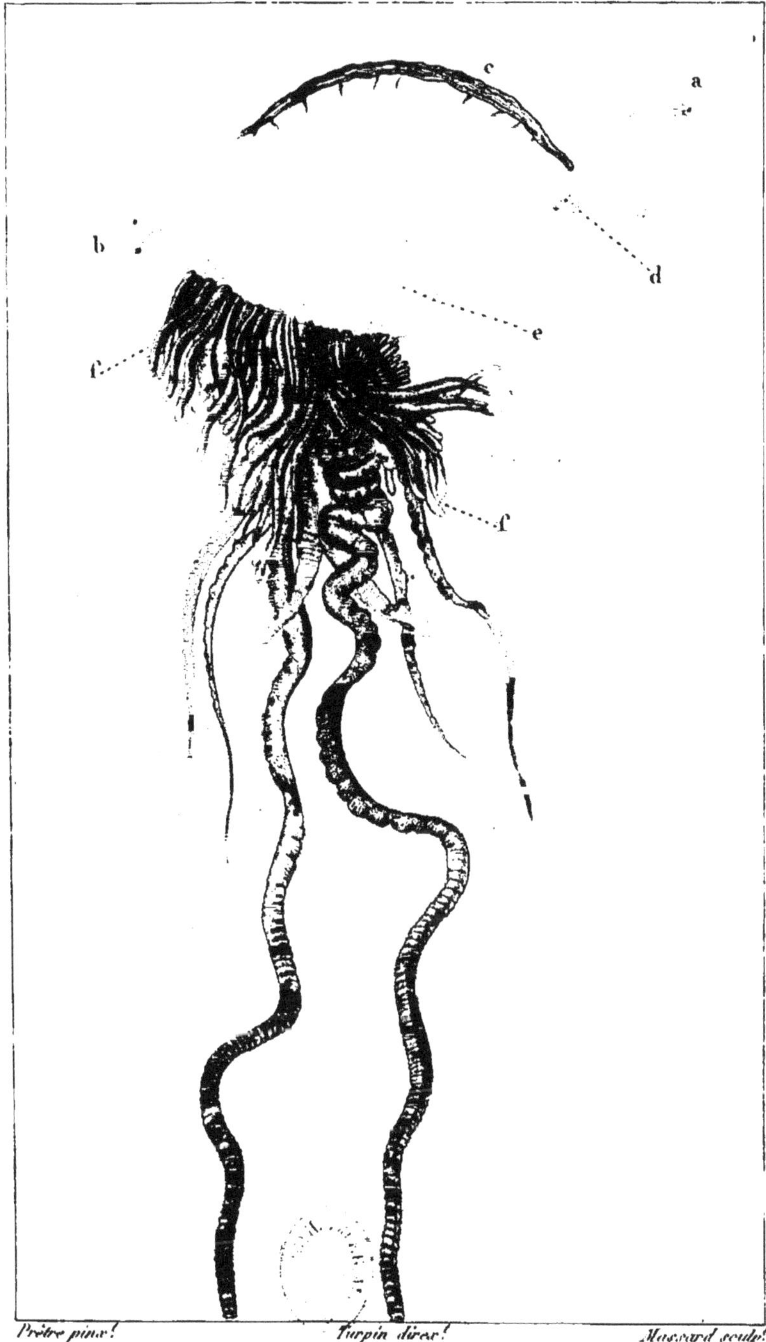

Prêtre pinx! *Turpin direx!* *Massard sculp!*

PHYSALE pélagique, *nageant renversée*. a b. *Orifices de l'intestin*. c. *Pied servant de voile*. d. *Orifices des organes générateurs situés à droite et censés vus par transparence*. e. *Plaque hépatique*. f f. *Branchies*.

1. RHIZOPHYSE filiforme. 2. PHYSSOPHORE muzonème.

3. RHIZOPHYSE hélianthe. 4. HIPPOPODE jaune.

Prêtre pinx.t *Turpin direx.t* *Victor sculp.t*

1. STÉPHANOMIE Grappe. *(partie)* 1.a. *Une partie encore plus grossie.* 1.b. *Un suçoir à part.*

ZOOLOGIE.

MALACOZOAIRES. Diphydes.

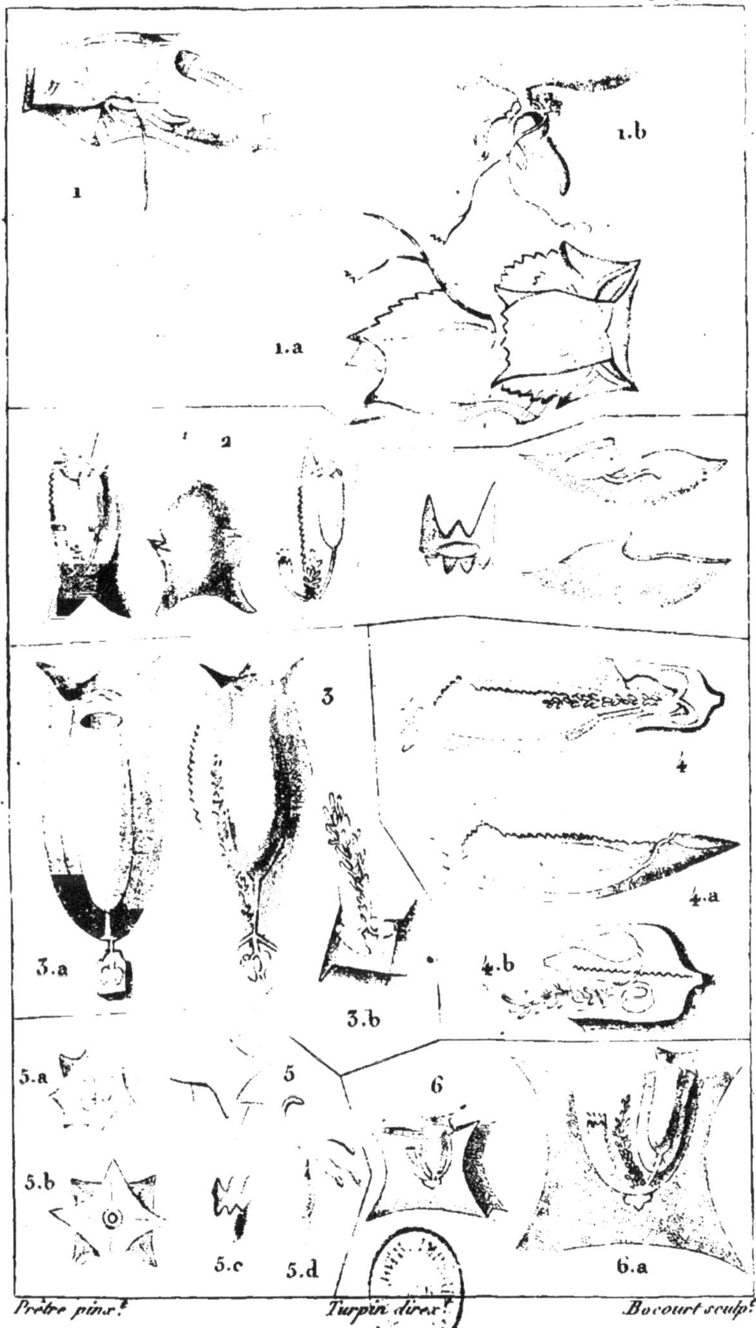

Prêtre pinx.t *Turpin direx.t* *Bocourt sculp.t*

1.1 a. AMPHIROA ailée. 1.b. *Son Nucleus sorti.* 2. NACELLE sagittée.
3. CALPÉ pentagone *de profil.* 3.a. *En dessous.* 3.b. *Nucleus.*
4. ABYLÉ trigone. 4.a. *Part. post.* 4.b. *Part. ant. ou viscérale.* 5.5.a.
5.b. ENNÉAGONE hyalin *sous différens aspects.* 5.c. *Part. viscérale.*
5 d. *Nucleus.* 6. CUBOÏDE vitré *grand. nat.* 6.a. *Le même grossi.*

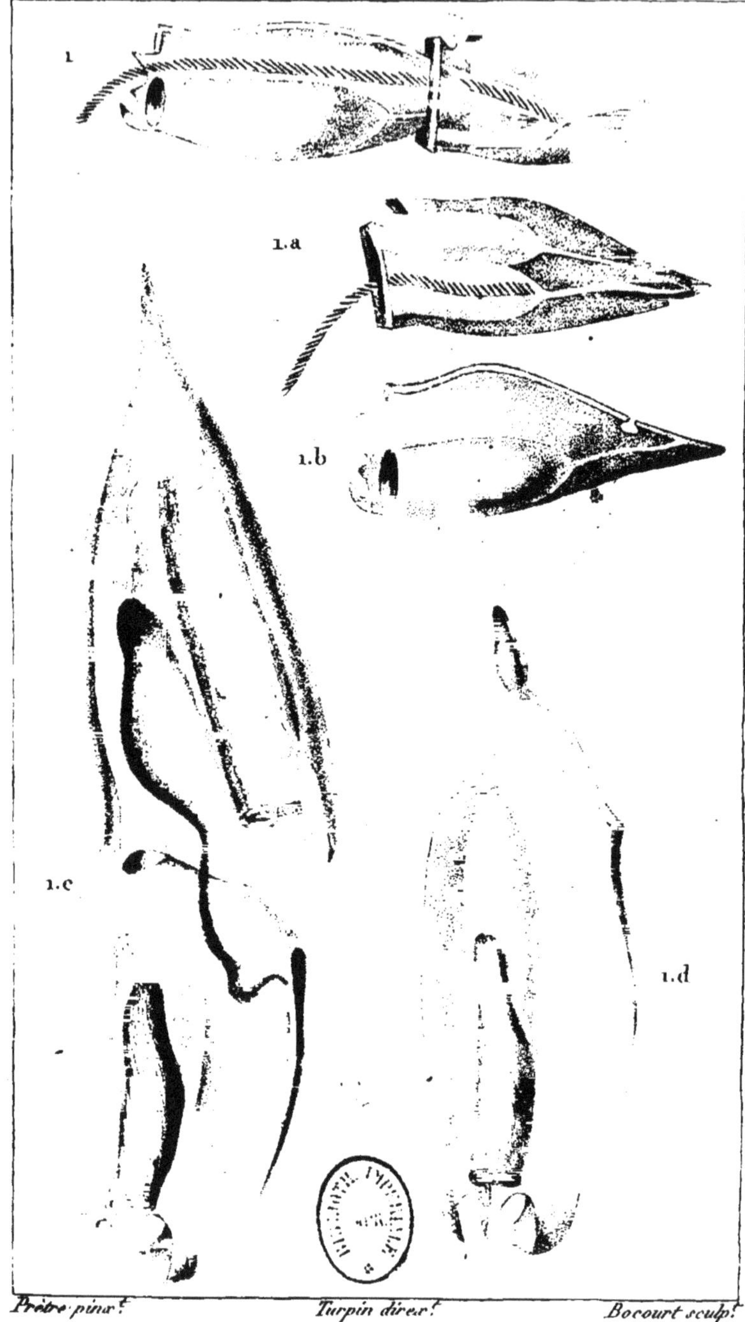

Prêtre pinx.t *Turpin direx.t* *Bocourt sculp.t*

1. DIPHYE de Bory *entière de profil*. 1.a. *Part. ant. de la même*. 1.b. *Part. post.* 1.c. D. de Bory *grossie*. 1.d. *Part. post. de la même*.

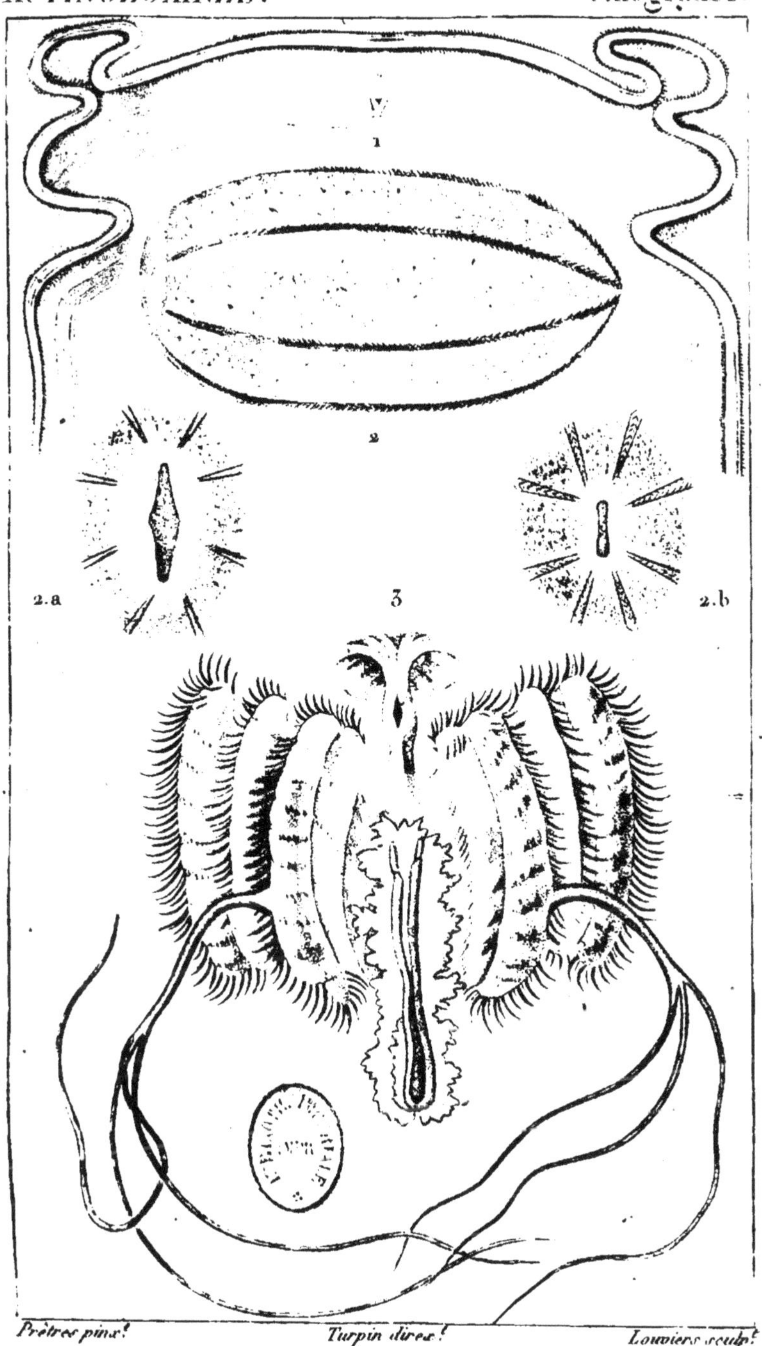

Prêtres pinx.t Turpin direx.t Louviers sculp.t

1. CESTE de Vénus. 2.2a.2b. BEROË oval.

3. CALLIANIRE triploptère.

ZOOLOGIE.

ACTINOZOAIRES? Infusoires.

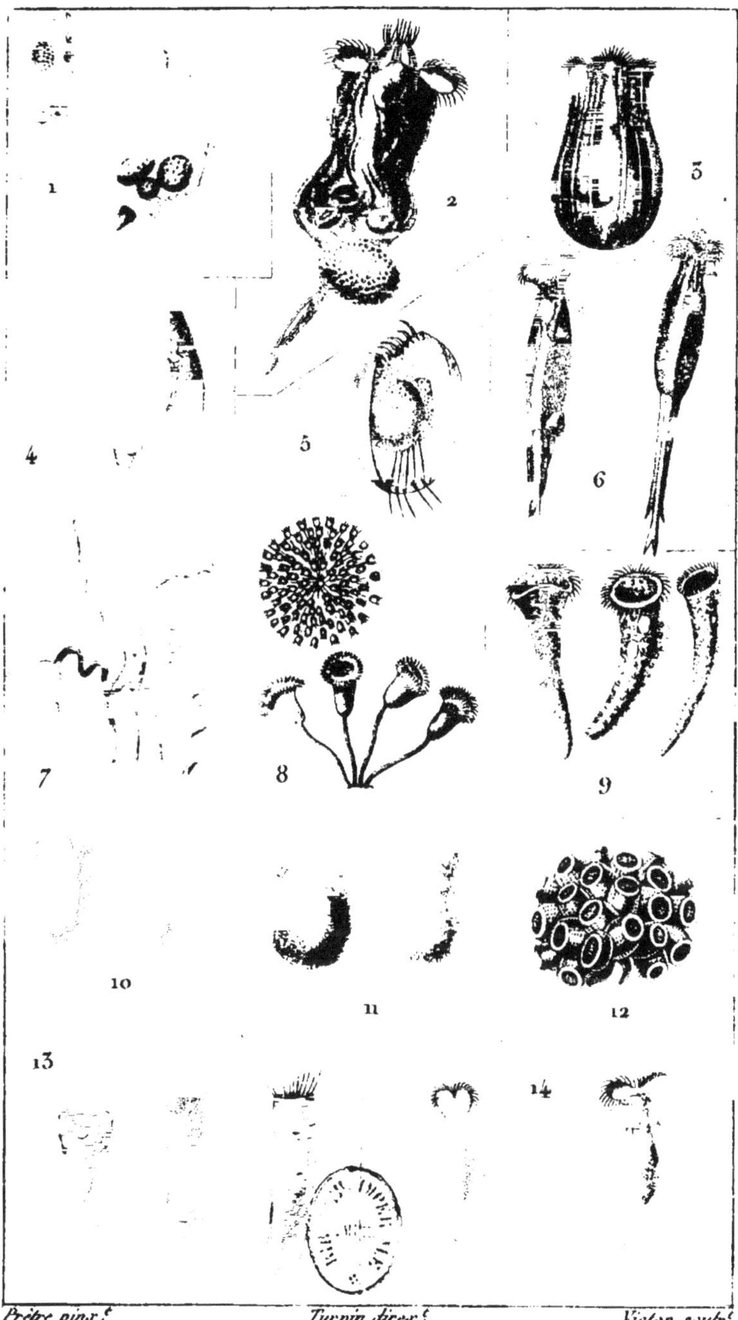

Prêtre pinx.t *Turpin direx.t* *Victor sculp.t*

1.BRACHION urcéolaire. 2.B. plicatile. 3.B. strié. 4.B. bractée. 5.B. patelle. 6.FURCULAIRE revivifiable. 7.VORTICELLE hémisphérique. 8.V. sociale. 9.V. trompette. 10.URCÉOLAIRE appendiculée. 11.U. cirrheuse. 12.U. nèfle. 13.VAGINICOLE locataire. 14.FOLLICULINE ampoule.

ZOOLOGIE.

AMORPHOZOAIRES? **Infusoires.**

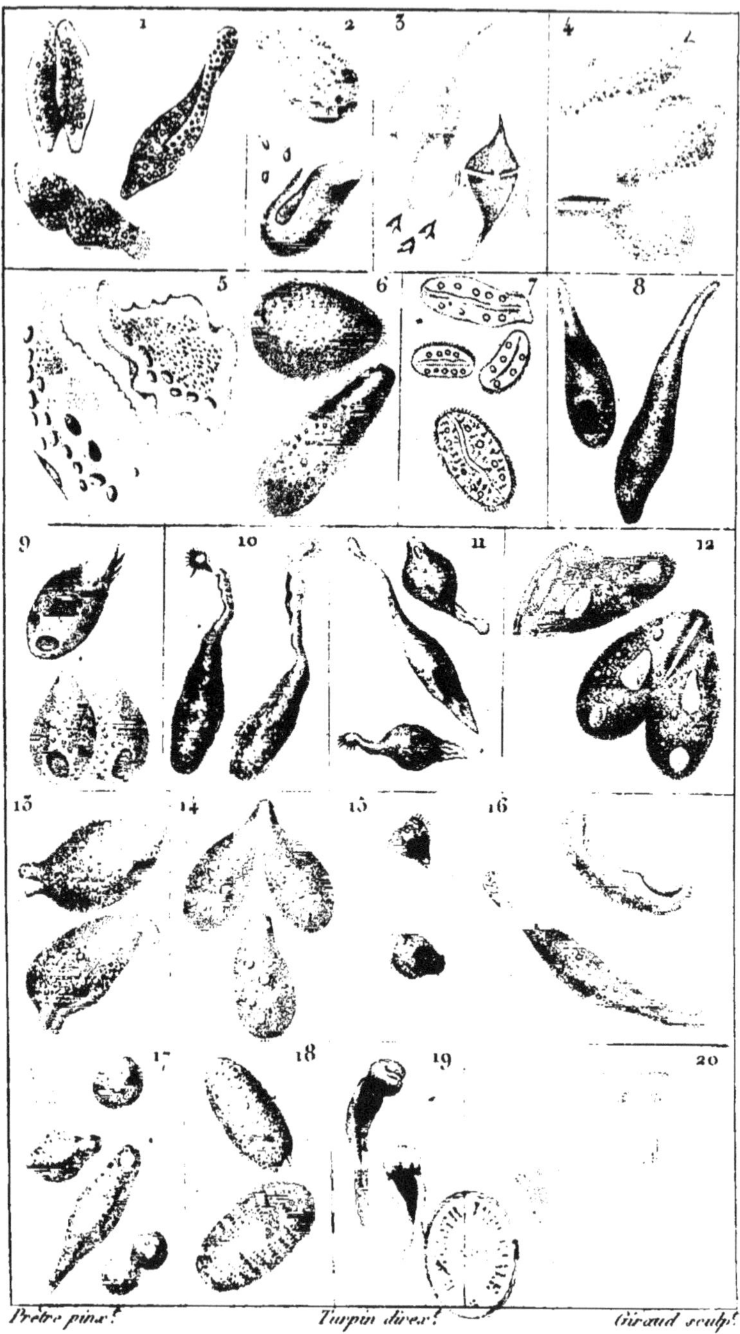

Prêtre pinx.t *Turpin direx.t* *Giraud sculp.t*

1. PARAMÉCIE aurelie. 2. BURSAIRE troncatelle. 3. B. hirondeau. 4. KOLPODE coucou. 5. K. pintade. 6. LEUCOPHRE verdâtre. 7. L. noduleuse. 8. TRICHODE canard. 9. T. melitée. 10. T. pourprée. 11. T. versatile. 12. T. orangée. 13. T. bipide. 14. T. lièvre. 15. T. toupie. 16. T. baillante. 17. CERCAIRE podure. 18. C. hérissée. 19. C. catelle. 20. PARAMÉCIE océanique.

ZOOLOGIE.

AMORPHOZOAIRES? Infusoires.

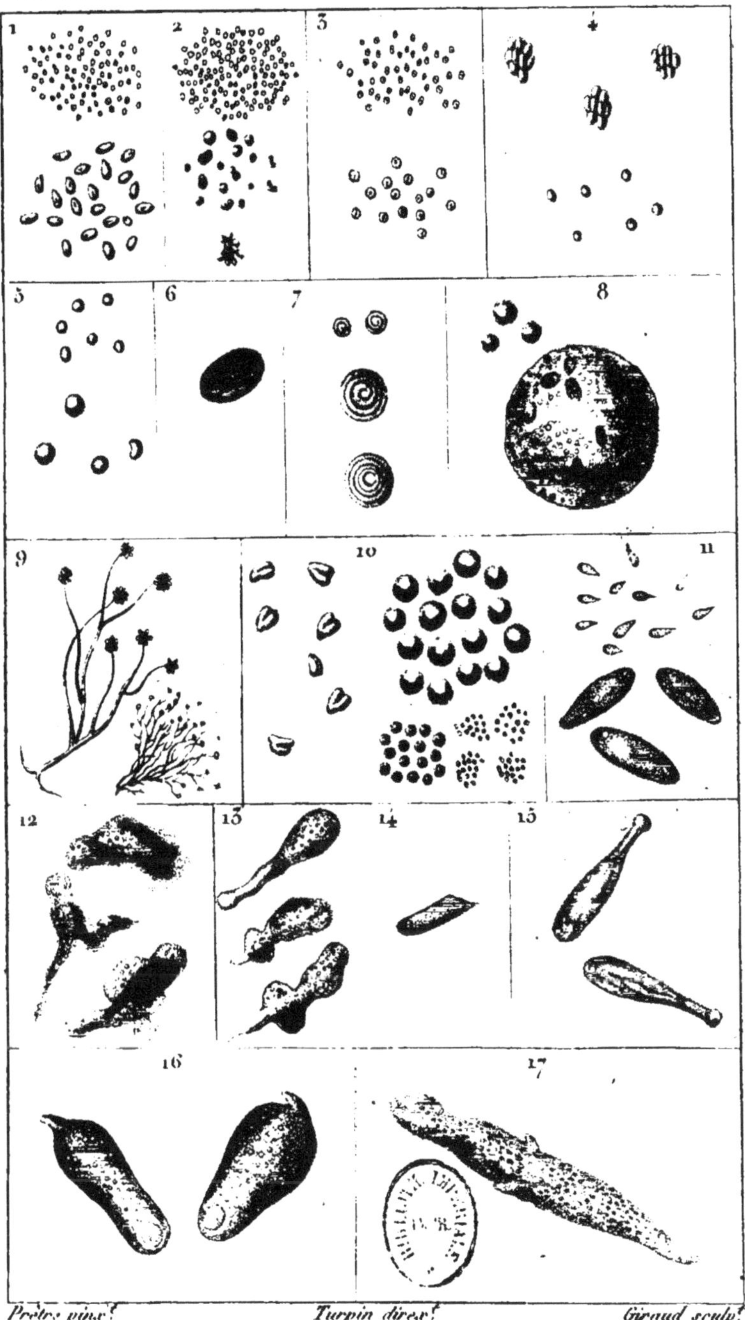

Prêtre pinx.t *Turpin direx.t* *Giraud sculp.t*

1. MONADE atôme. 2. M. pulviscule. 3. M. œil. 4. M. grappe. 5. VOLVOCE point. 6. V. grain. 7. V. grésil. 8. V. globuleux. 9. V. végétant. 10. GONIUM pectoral. 11. CYCLIDE noirâtre. 12. PROTÉE rameux. 13. P. tenace. 14. ENCHELIDE verte. 15. E. cheville. 16. E. papille. 17. E. larve.

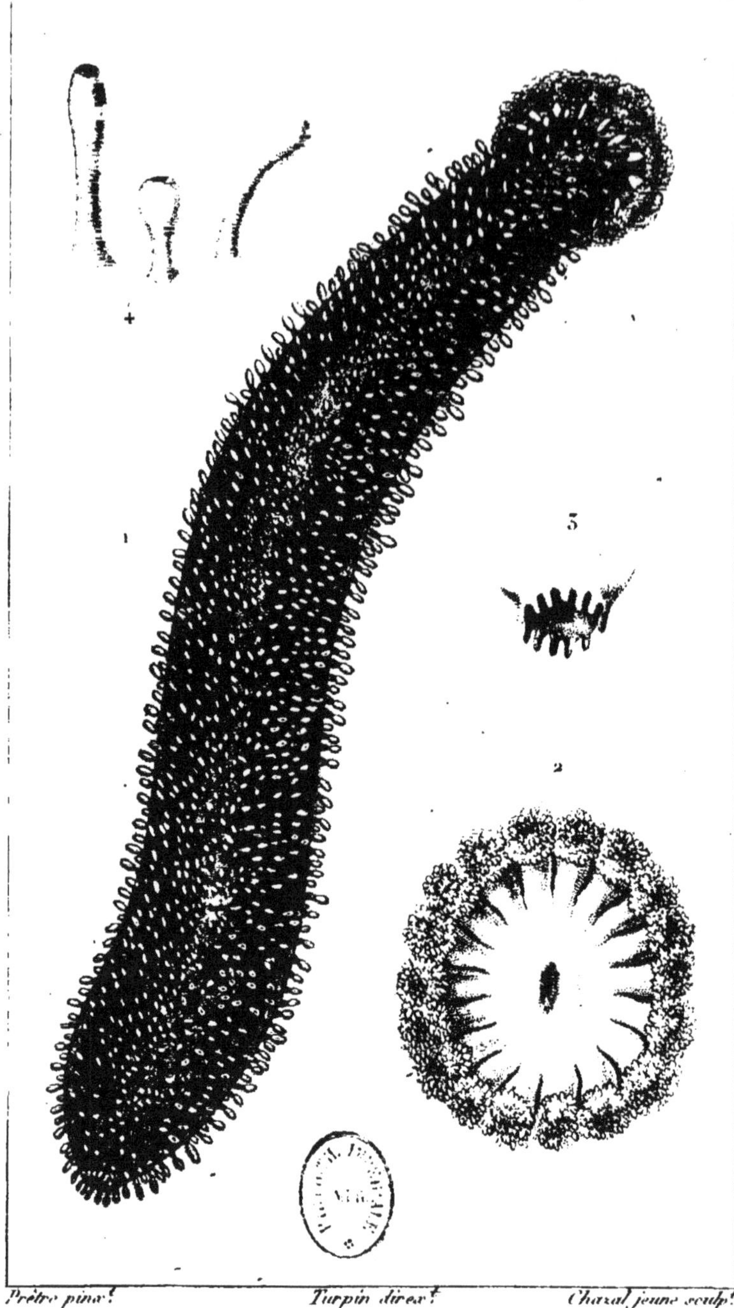

Prêtre pinx.t *Turpin direx.t* *Chazal jeune sculp.t*

1. HOLOTHURIE tubuleuse. 2. *Extrémité orale*. 3. *Extrémité anale*. 4. *Quelques cirrhes grand. nat.*

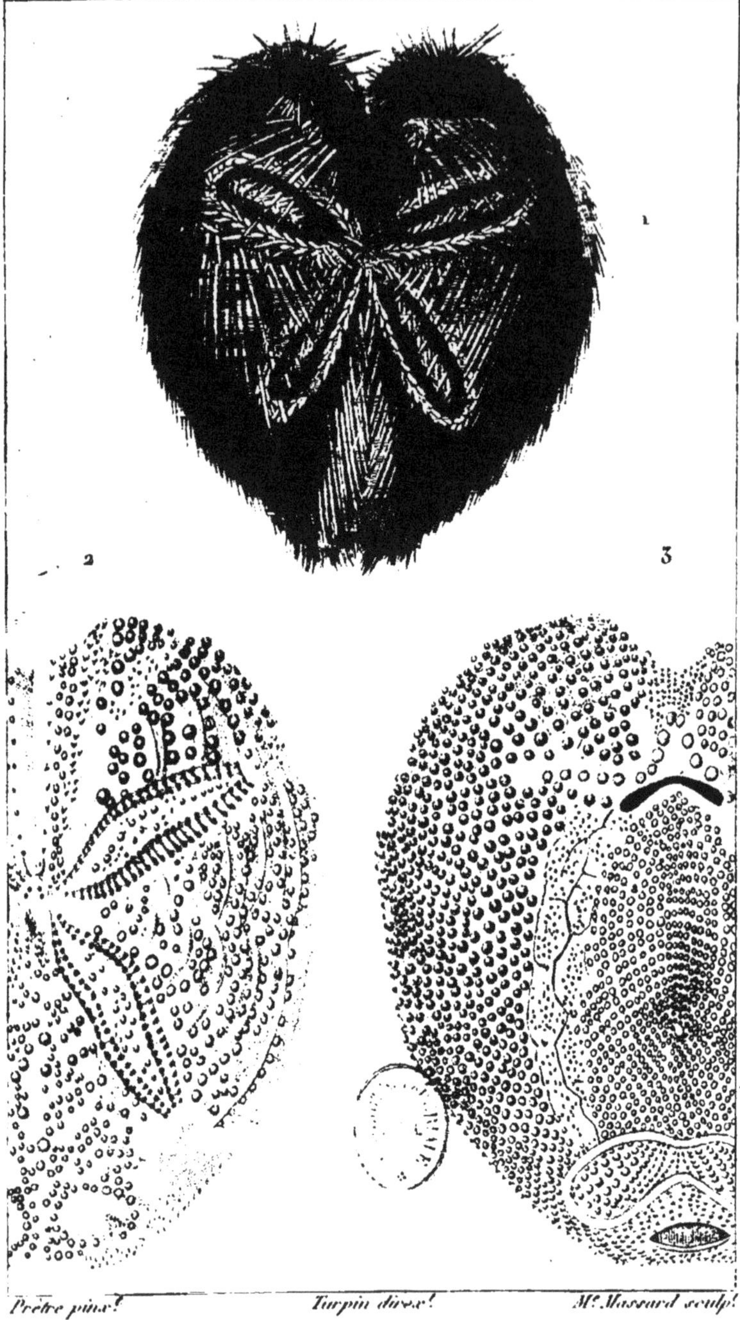

Prêtre pinx! Turpin direx! Me Massard sculp!

1. SPATANGUE violet, *en dessus et couvert de ses piquants.* 2. *Le même en dessus, dépouillé.* 3. *Le même en dessous.*

ZOOLOGIE.

RADIAIRES. *Fossiles.* Echinides.

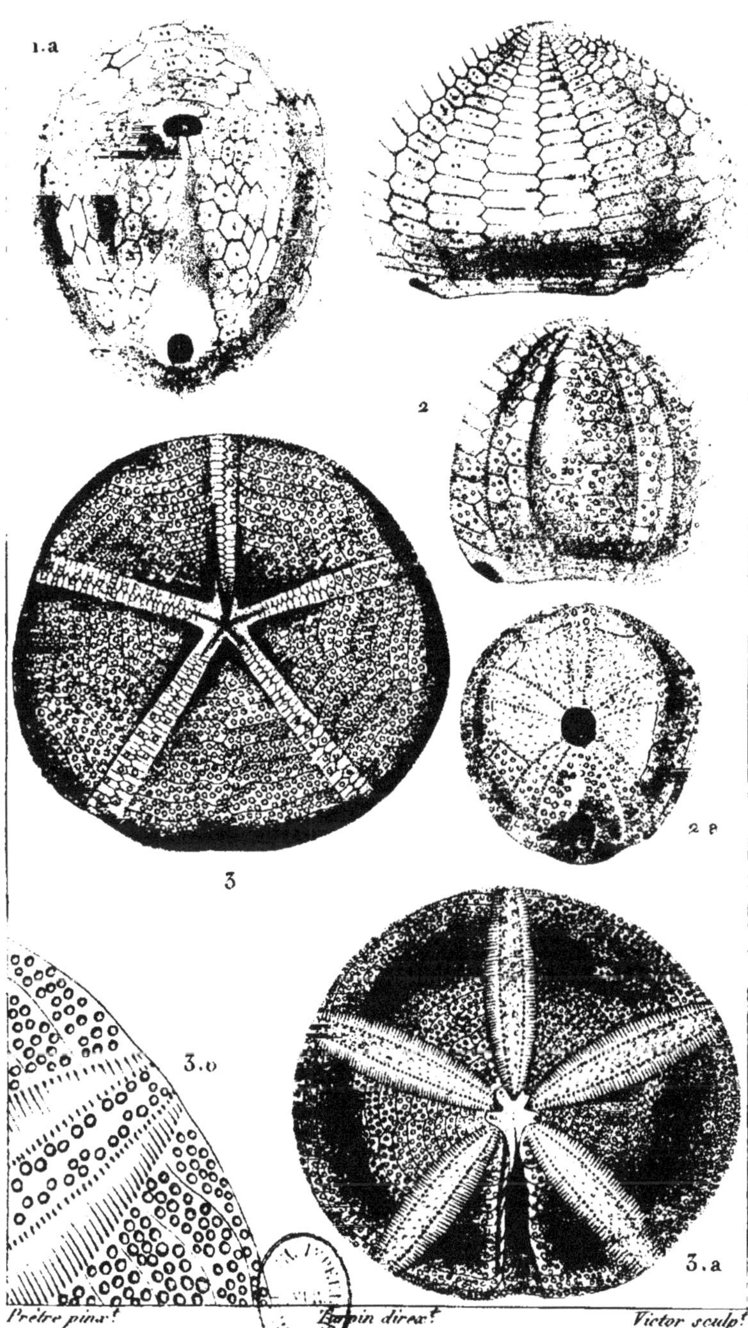

Prêtre pinx.t *Rapin direx.t* *Victor sculp.t*

1. ANANCHITE ovale. *(Lam.)* 1.a *Id. vue en dessous.*

2. GALÉRITE globuleuse. *(Lam.)* 2.a *Id. vue en dessous.*

3. NUCLÉOLITE Patelle. *(Def.) vue en dessous.* 3.a *Idem vue en dessus.* 3.b *Idem portion grossie.*

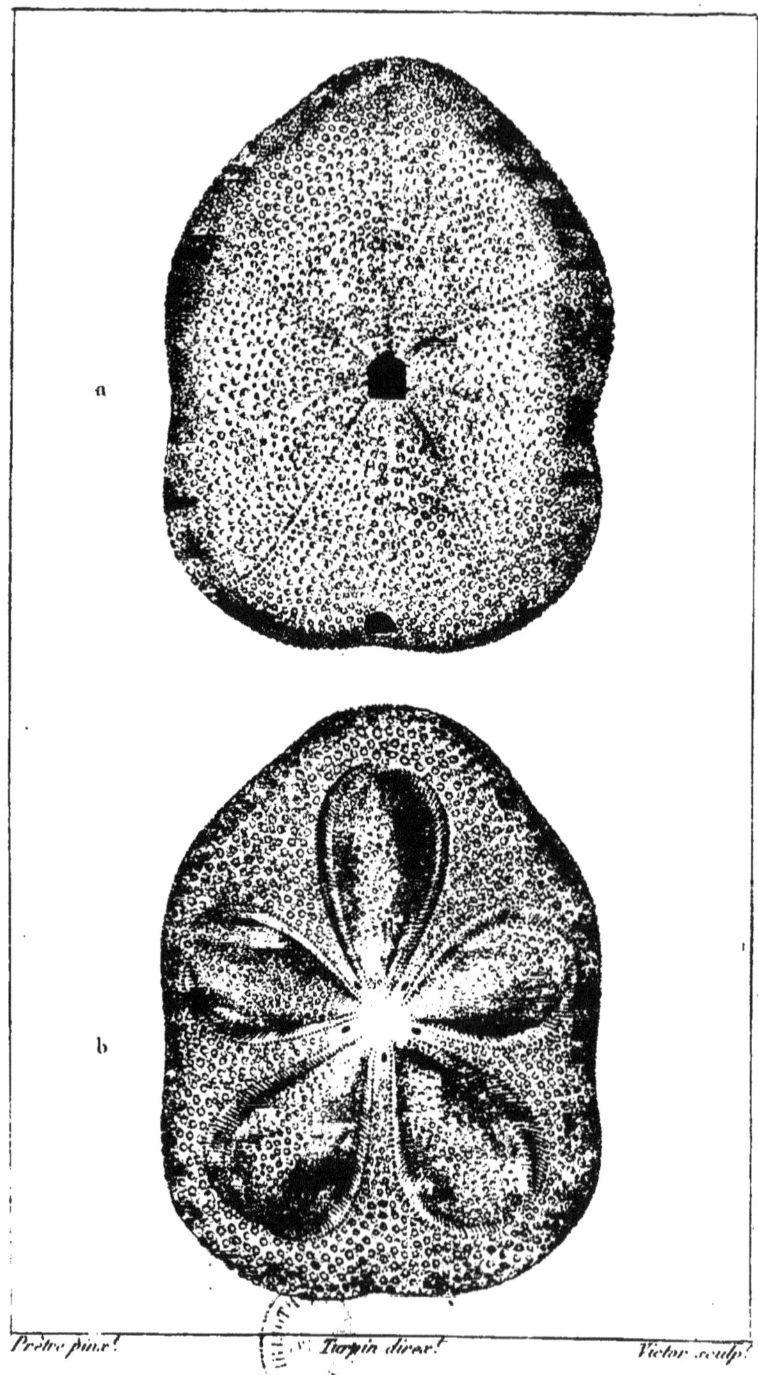

Prêtre pinx.t *Turpin direx.t* *Victor sculp.t*

CLYPÉASTRE rosacé. a. *en dessous* b. *en dessus.*

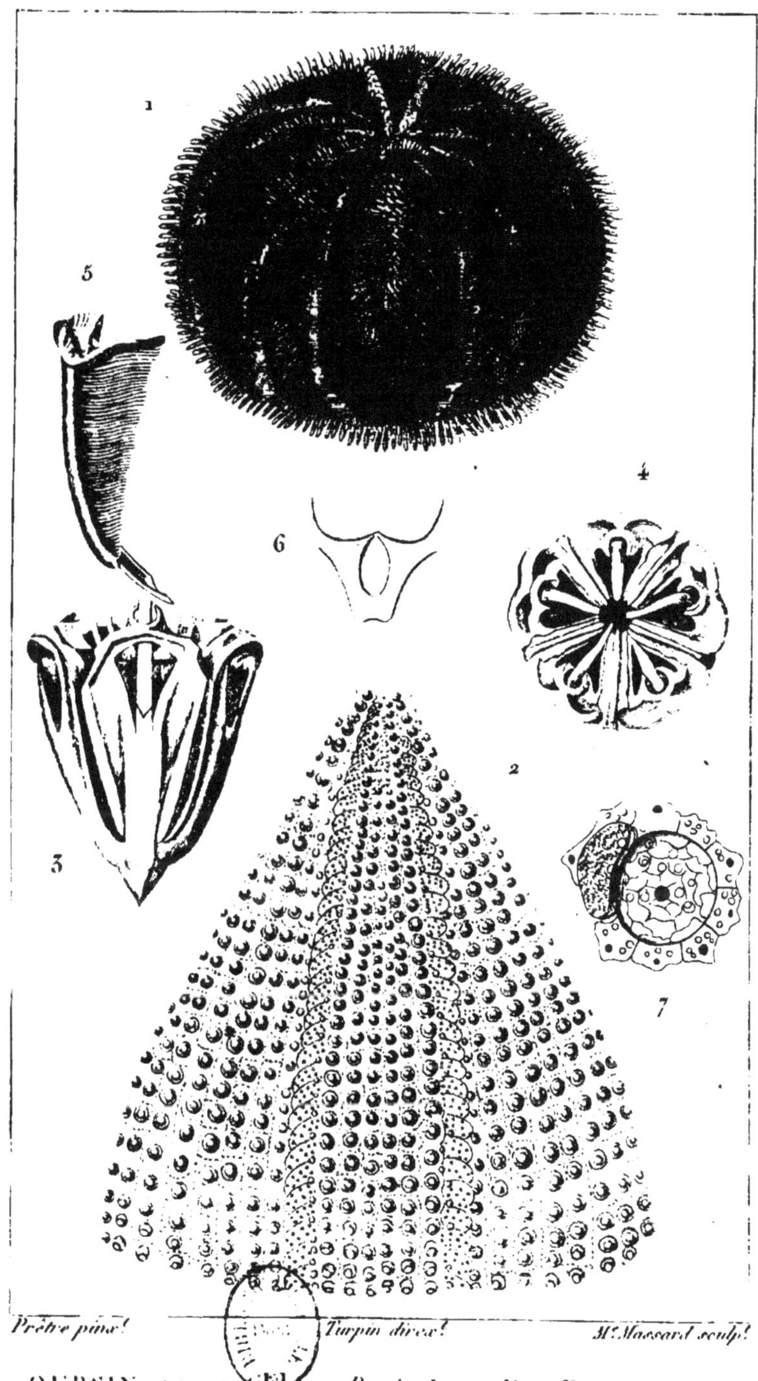

Prêtre pinx! Turpin direx! Mᵉ Massard sculp!

1. OURSIN comestible. 2. *Partie du tet dépouillé.* 3. *Appareil dentaire, de profil.* 4. *Le même, en dessus.* 5. *Une dent.* 6. *Un apophyse d'insertion.* 7. *Orifices des ovaires.*

ZOOLOGIE.

ACTINOZOAIRES. Echinodermaires.

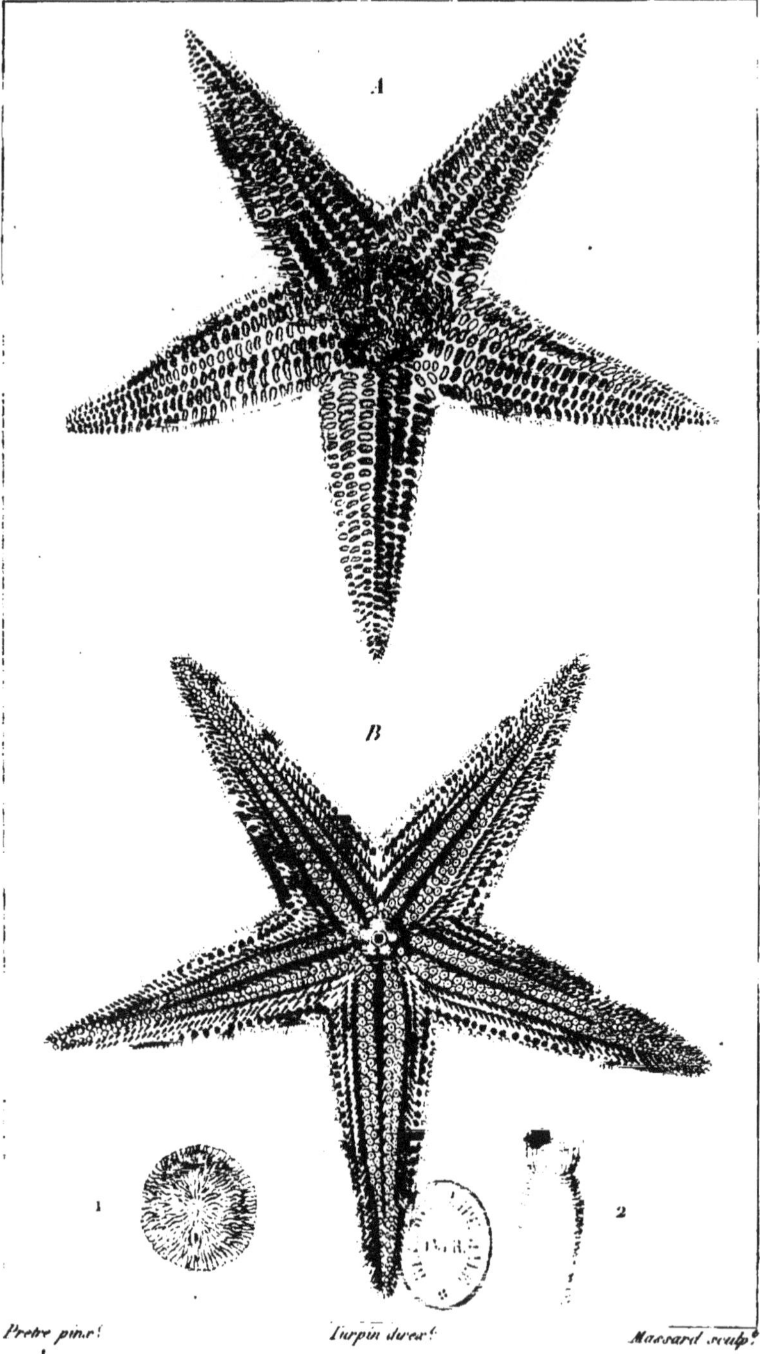

Pretre pinx. *Turpin direx.* *Massard sculp.*

A. ÉTOILE DE MER commune *vue en dessus. B. Id. vue en dessous.*
1. Tubercule madréporiforme, grossi. 2. Suçoir tentaculiforme, grossi.

ZOOLOGIE.

ACTINOZOAIRES. Stellérides.

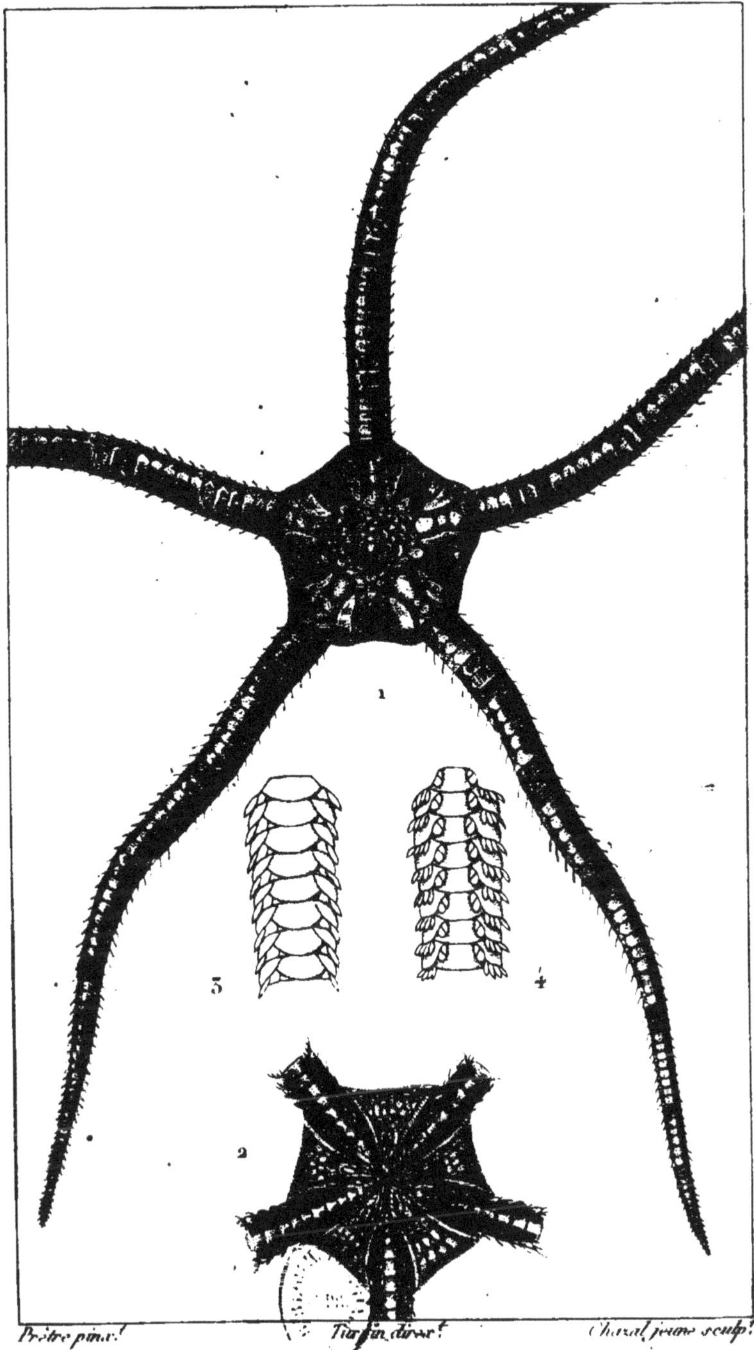

Prêtre pinx. *Turpin direx.* *Chazal jeune sculp.*

1. OPHIURE annuleuse, *en dessus.* 2. *Son corps en dessous.*

3. *Partie d'un de ses appendices grossi, en dessus.* 4. *Id. en dessous.*

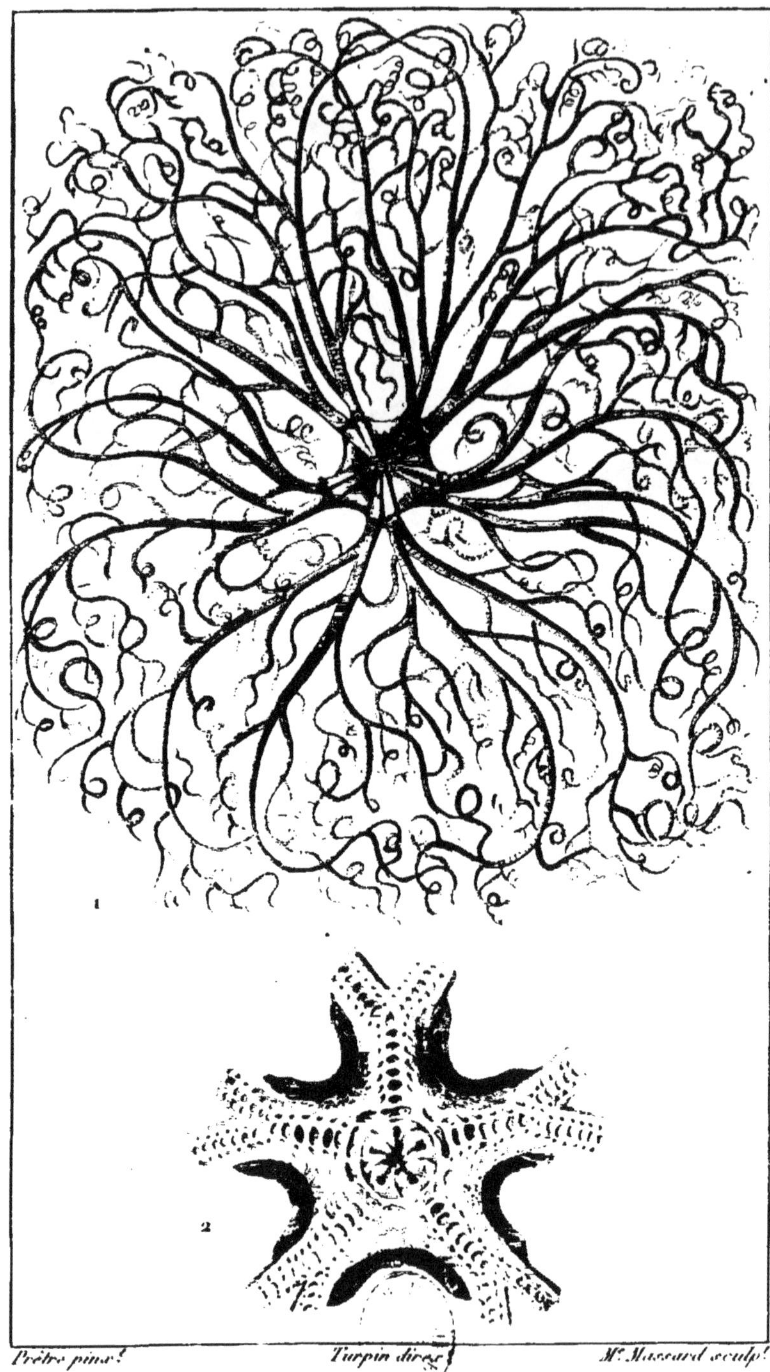

Prêtre pinx! Turpin direx! Mᵉ Massard sculp!

1. EURYALE à côtes lisses, en dessus. 2. Centre de la même vue en dessous.

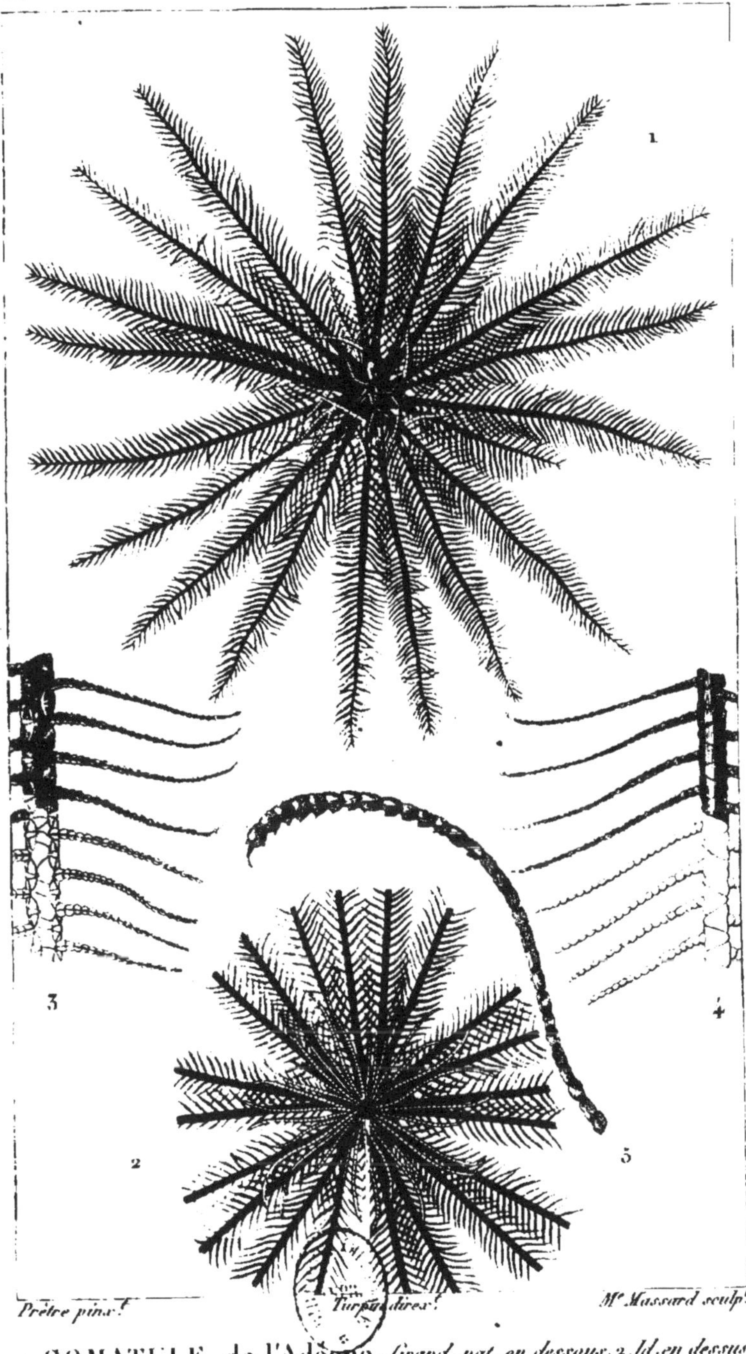

Prêtre pinx.t *Turpin direx.t* *Mr Massard sculp.t*

1. COMATULE de l'Adéone. *Grand. nat. en dessous.* 2. *Id. en dessus.* 3. *Part. d'un append. en dessous et grossi.* 4. *Id. en dessus.* 5. *Un des rayons dorsaux, grossi.*

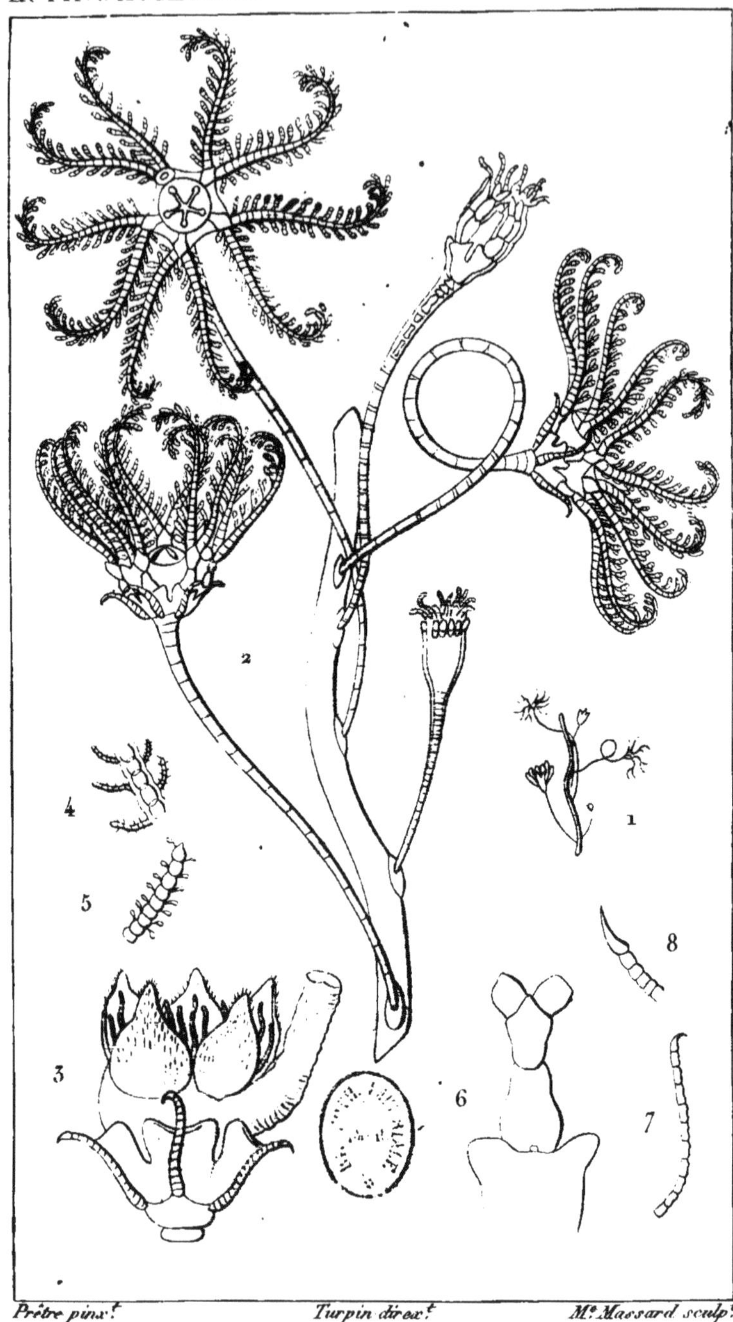

Prêtre pinx.t *Turpin direx.t* *Me Massard sculp.t*

1. ENCRINE d'Europe, *de grand. nat.* 2. *Id. grossi.* 3. *Son corps très grossi.* 4. *Base d'un bras ou appendice.* 5. *Partie d'un appendice.* 6. *Un des tentacules charnus.* 7. *Un des appendices auxilliaires.* 8. *Extrémité du même grossi.*

ZOOLOGIE.

POLYPIERS. *Fossiles.* Pierreux.

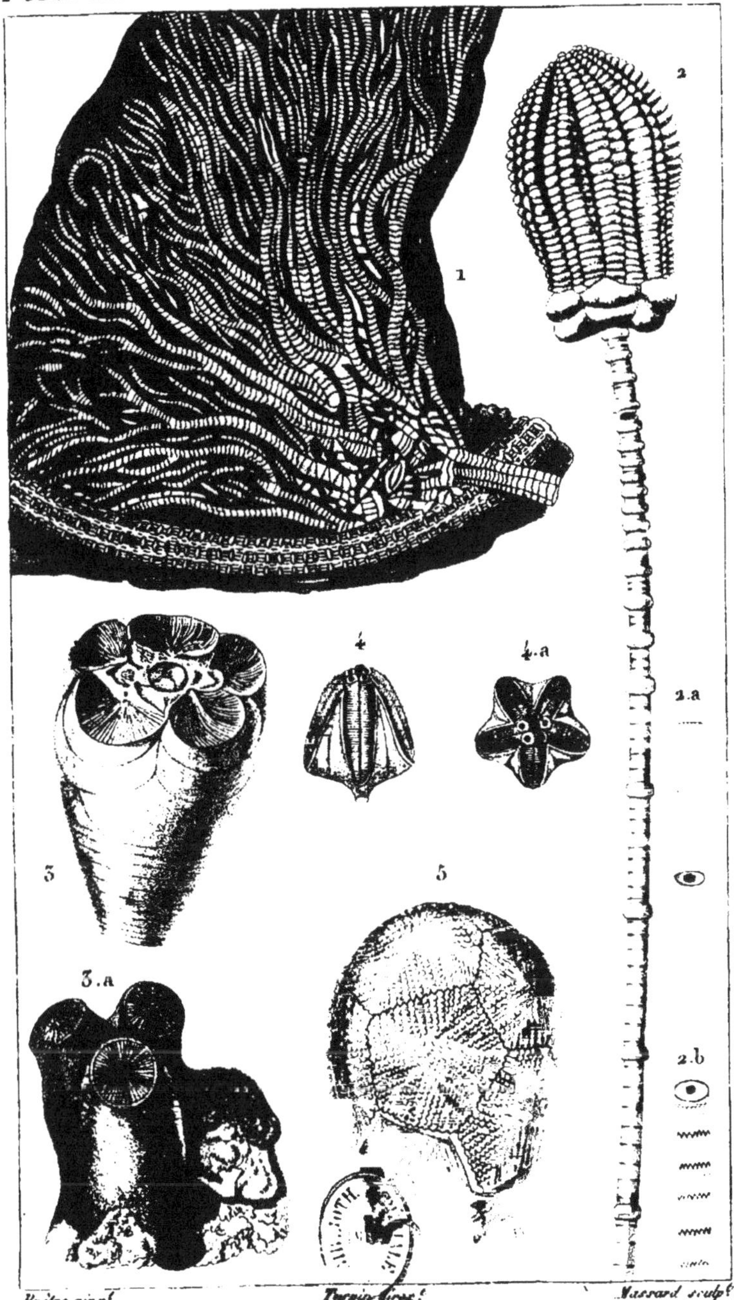

Prêtre pinx. *Turpin direx.* *Massard sculp.*

1. ENCRINE à panache.
2. ENCRINE lys-de-mer. *(Lam.)* 2.a et 2.b. *Id. tiges.*
3. ASTROPODE élégante. *(Def.) depuis apiocrinites rotundus. (Mill.)* 3.a. *Id. son pied.*
4. ENCRINE de Godon. *(Def.)* 4.a. *Id. vue en dessus.*
5. MARSUPITES mantelli. *(Brong.)*

ZOOLOGIE.

ACTINOZOAIRES. Médusaires.

Prêtre pinx.t *Turpin direx.t* *Victor sculp.t*

1. EUDORE onduleuse, *en dessus.*
2. *La même, de profil.* 3. *La même, en dessous.*

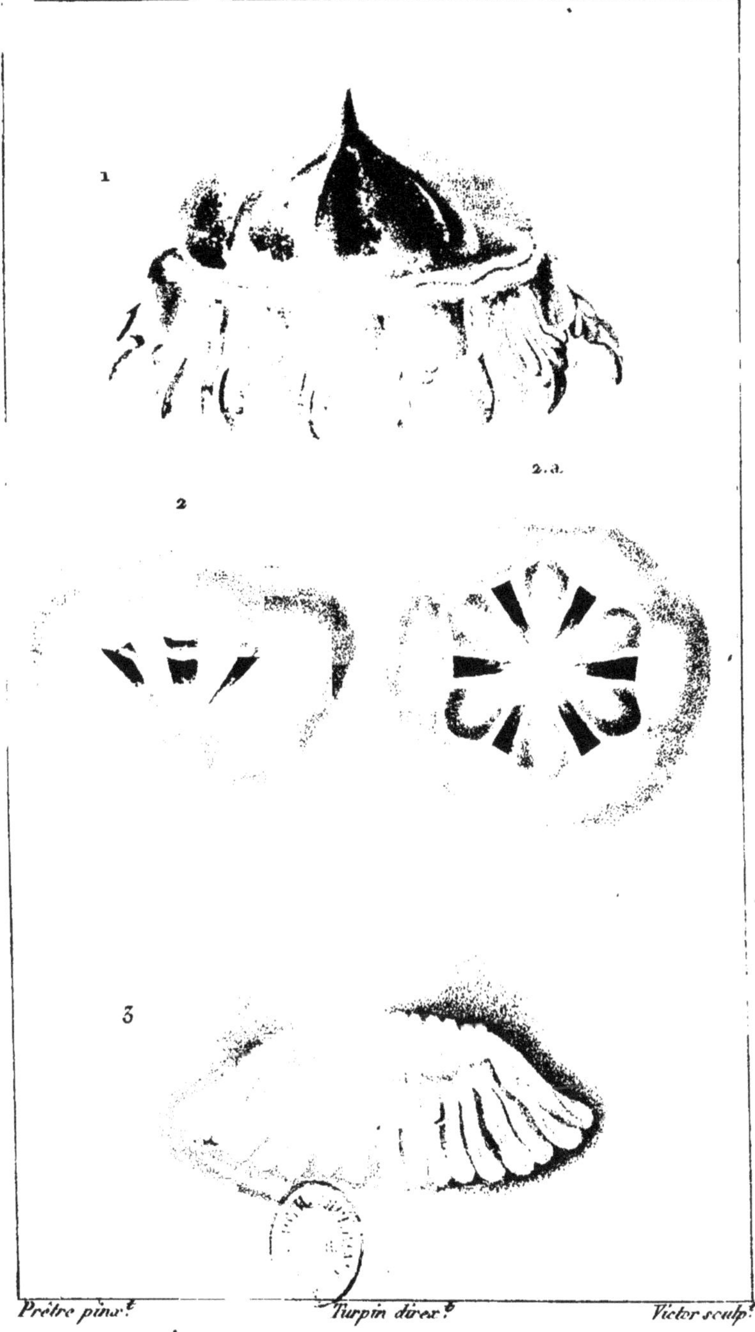

Prêtre pinx.t *Turpin direx.t* *Victor sculp.t*

1. CARYBDÉE périphylle
2. PHORCINIE eudonoïde, *de profil.* 2 a. *en dessous.*
3. EULYMÈNE cyclophylle.

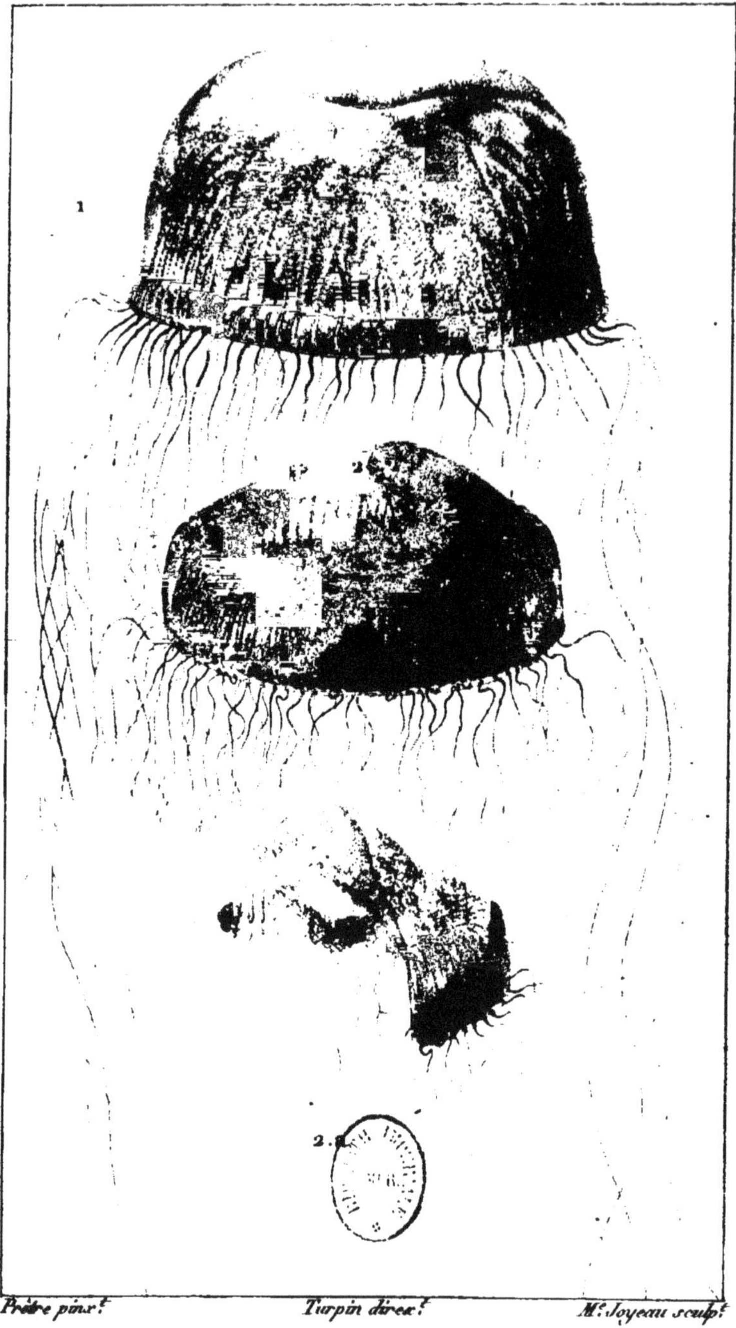

Prêtre pinx.t *Turpin direx.t* *M.e Joyeau sculp.t*

1. BÉRÉNICE euchrome.

2. EQUORÉE cyanée. 2 a. *Une portion de la même.*

ZOOLOGIE.

ACTINOZOAIRES. Médusaires.

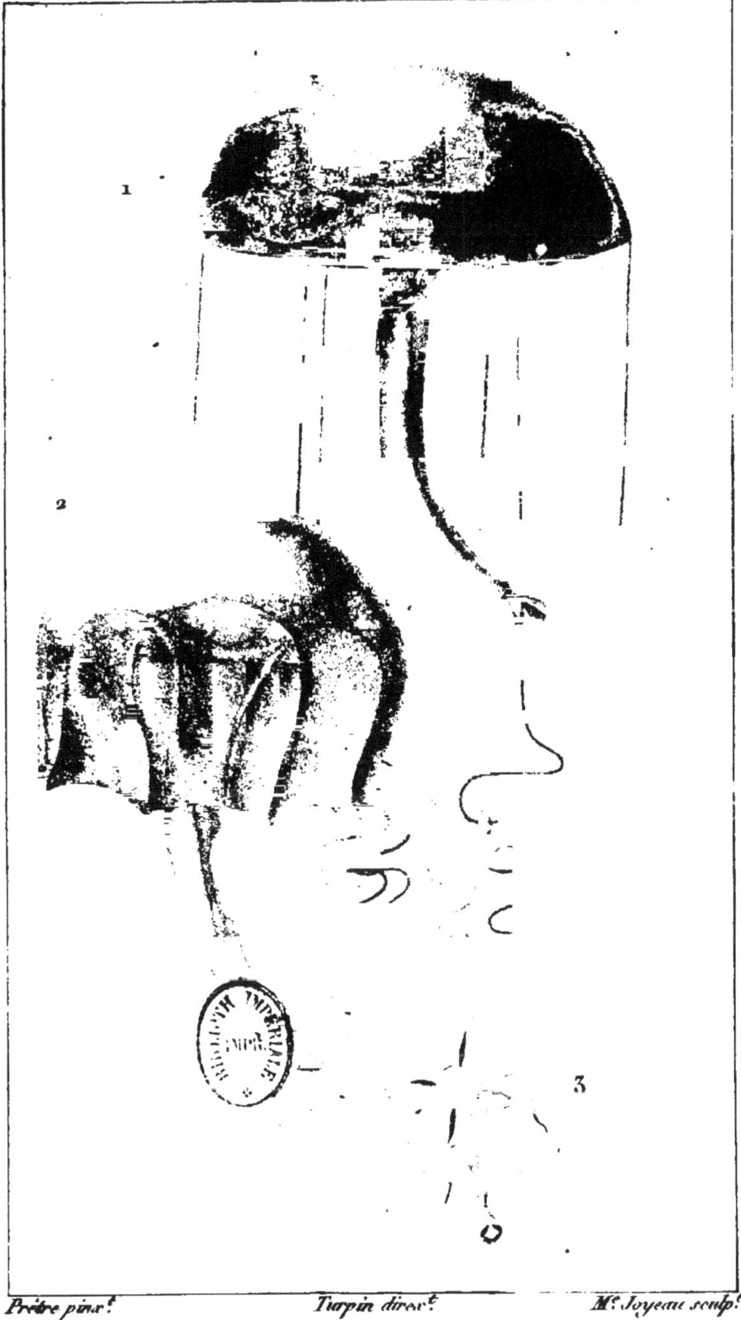

Prêtre pinx.t *Turpin direx.t* *M.e Joyeau sculp.t*

1. ORYTHIE verte. 2. DYANÉE Gabest.
3. GÉRONYE tétraphylle.

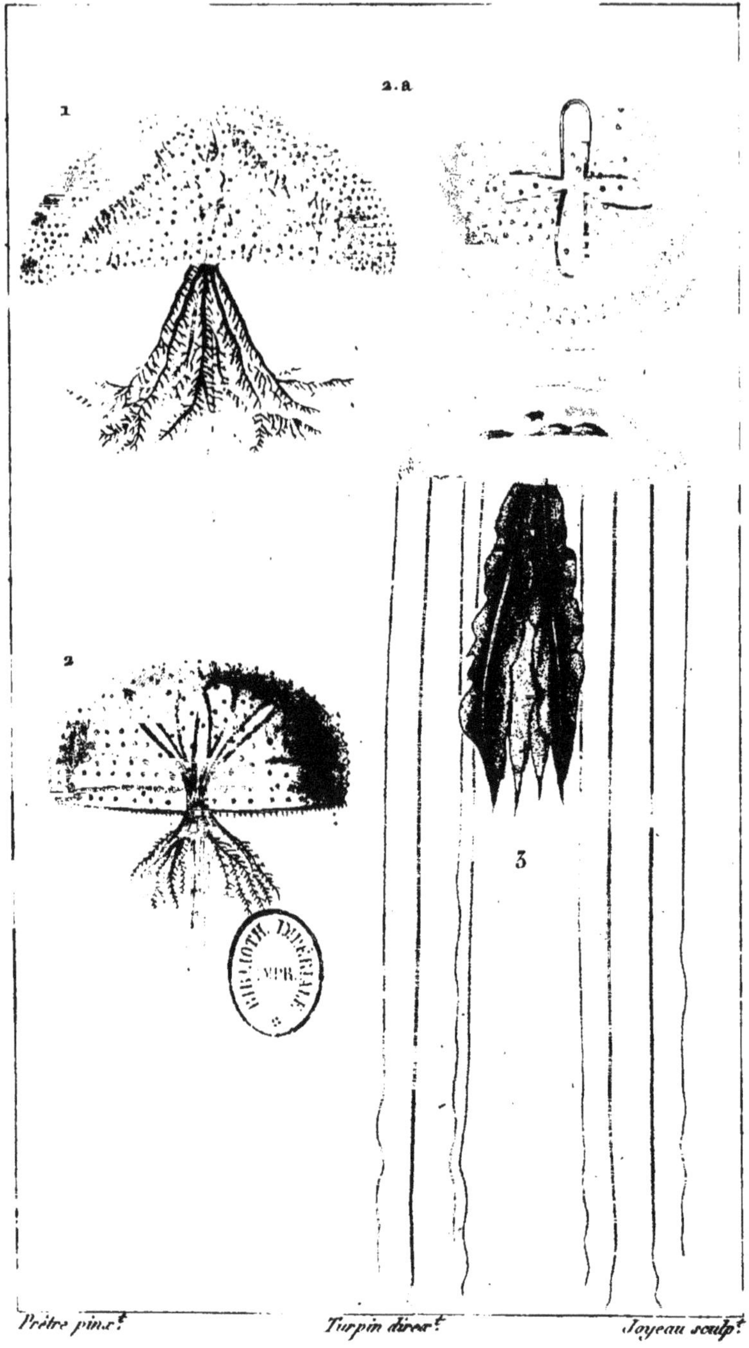

Prêtre pinx.t *Turpin direx.t* *Joyeau sculp.t*

1. FAVONIE octonème.
2. 2 a. LYMNORÉE trièdre.
3. CYANÉE Labiche.

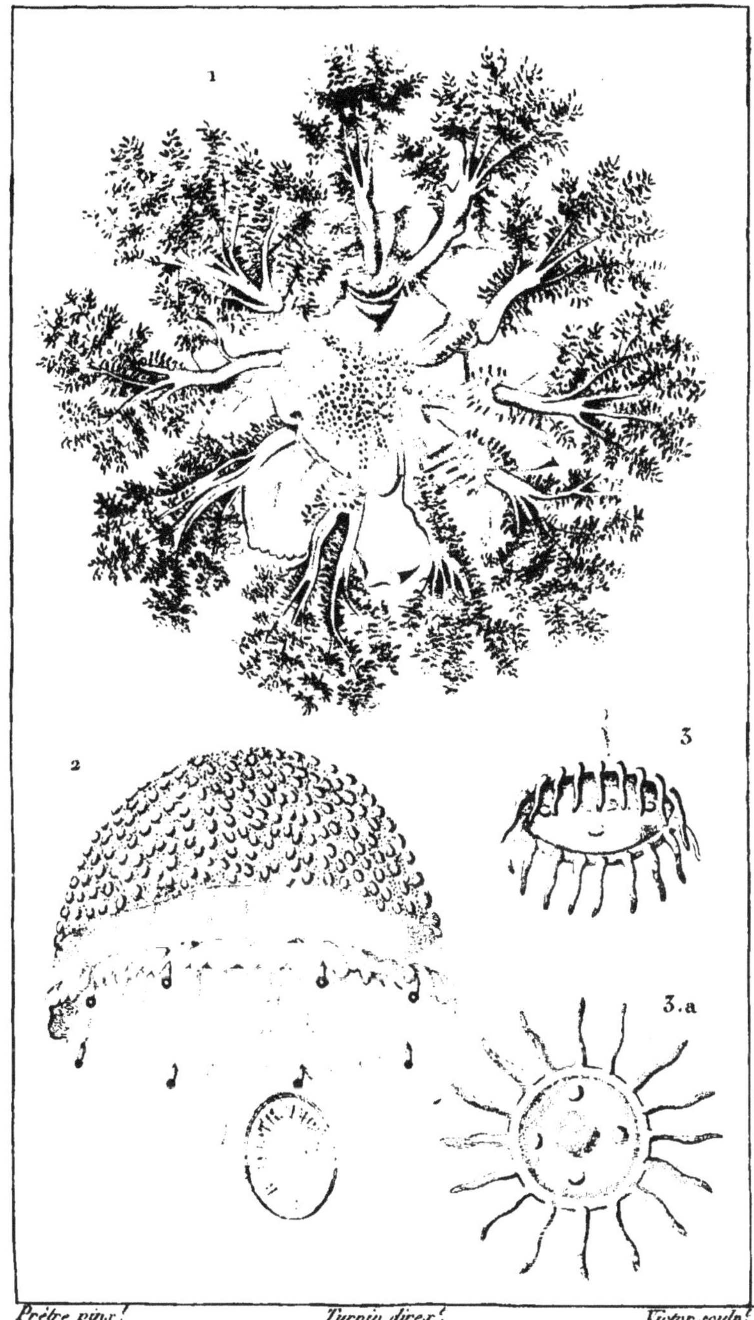

Prêtre pinx. *Turpin direx.* *Victor sculp.*

1. CASSIOPÉE frondescente. 2. MELICERTE Perle.

3. OBÉLIE sphéruline. 3 a. *La même en dessous.*

Prêtre pinx.t *Turpin direx.t* *Victor sculp.t*

1. AURÉLIE labiée, *de profil.*

2. *La même en dessous.*

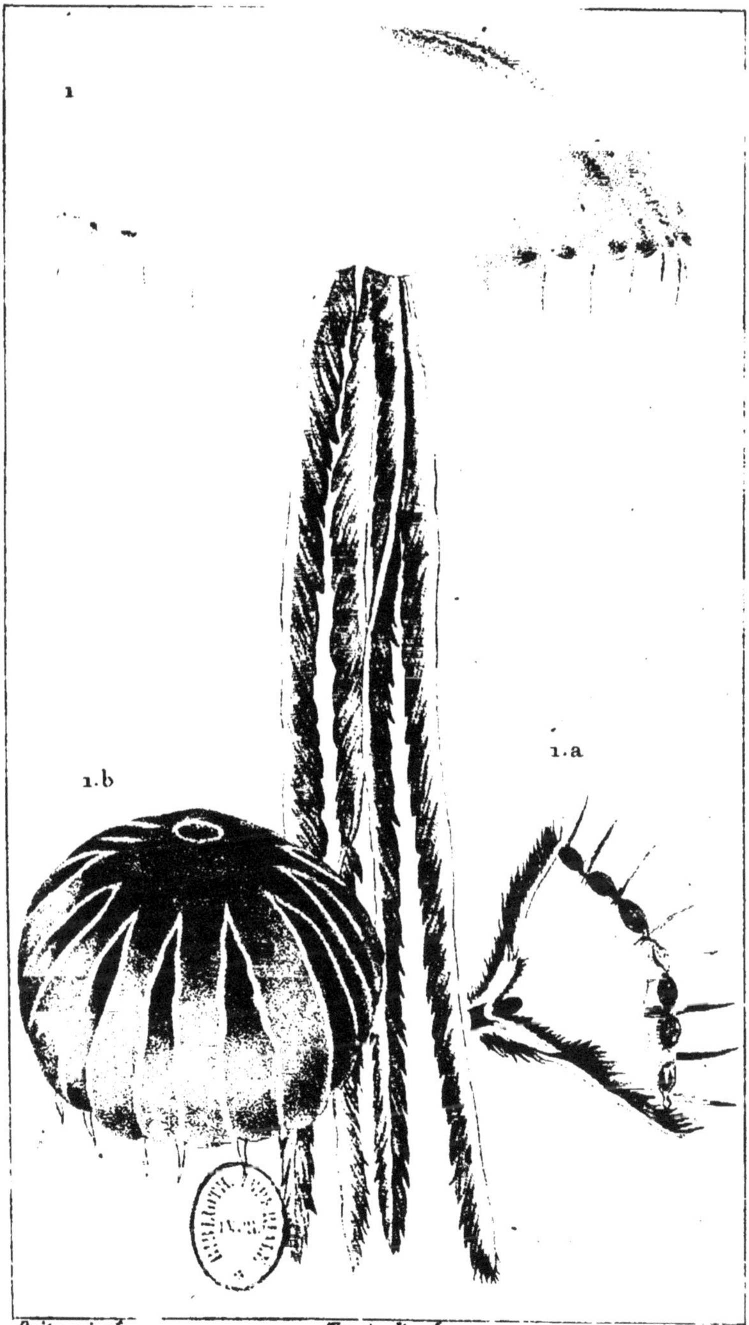

Prêtre pinx.t Turpin direx.t Joyeau sculp.t

1 AURÉLIE crénelée, développée.

1.a. Un quart de l'ombrelle, vue en dessous.

1.b. Ombrelle sans ses appendices.

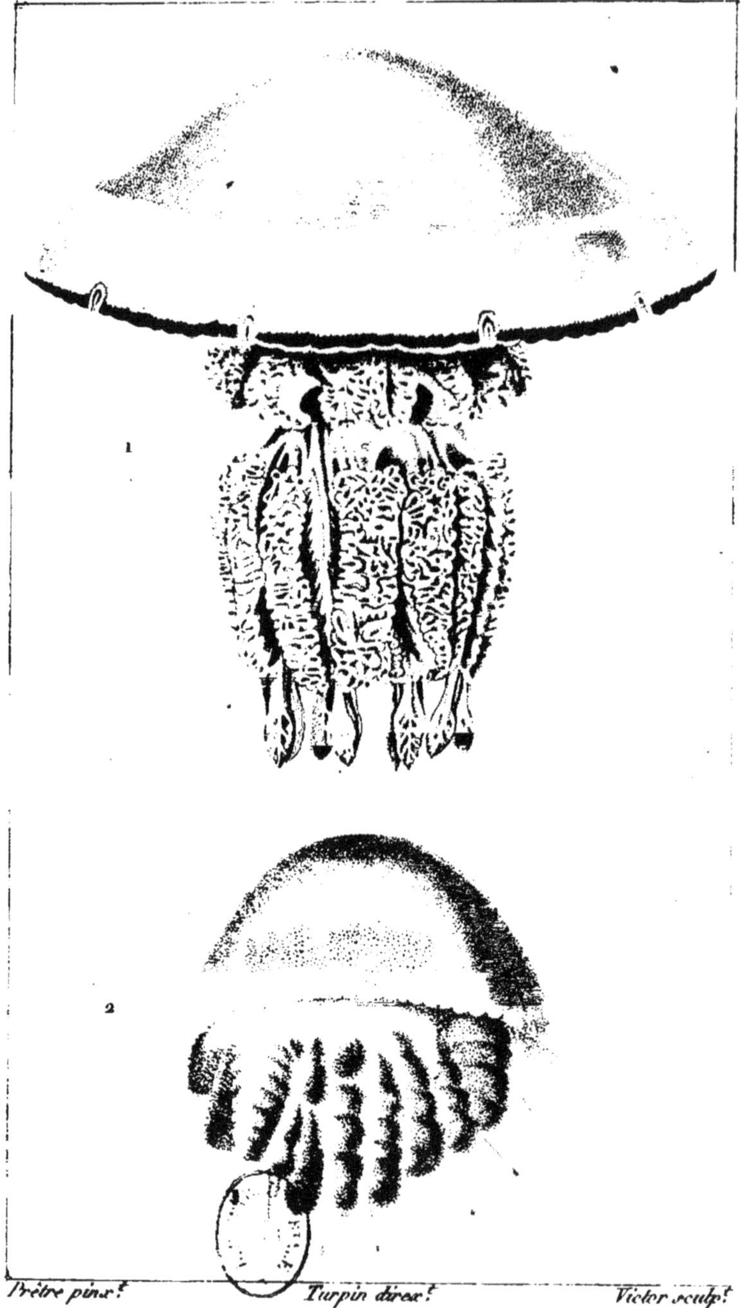

Prêtre pinx.t *Turpin direx.t* *Victor sculp.t*

1. RHIZOSTOME de Cuvier.

2. CEPHÉE Guérin.

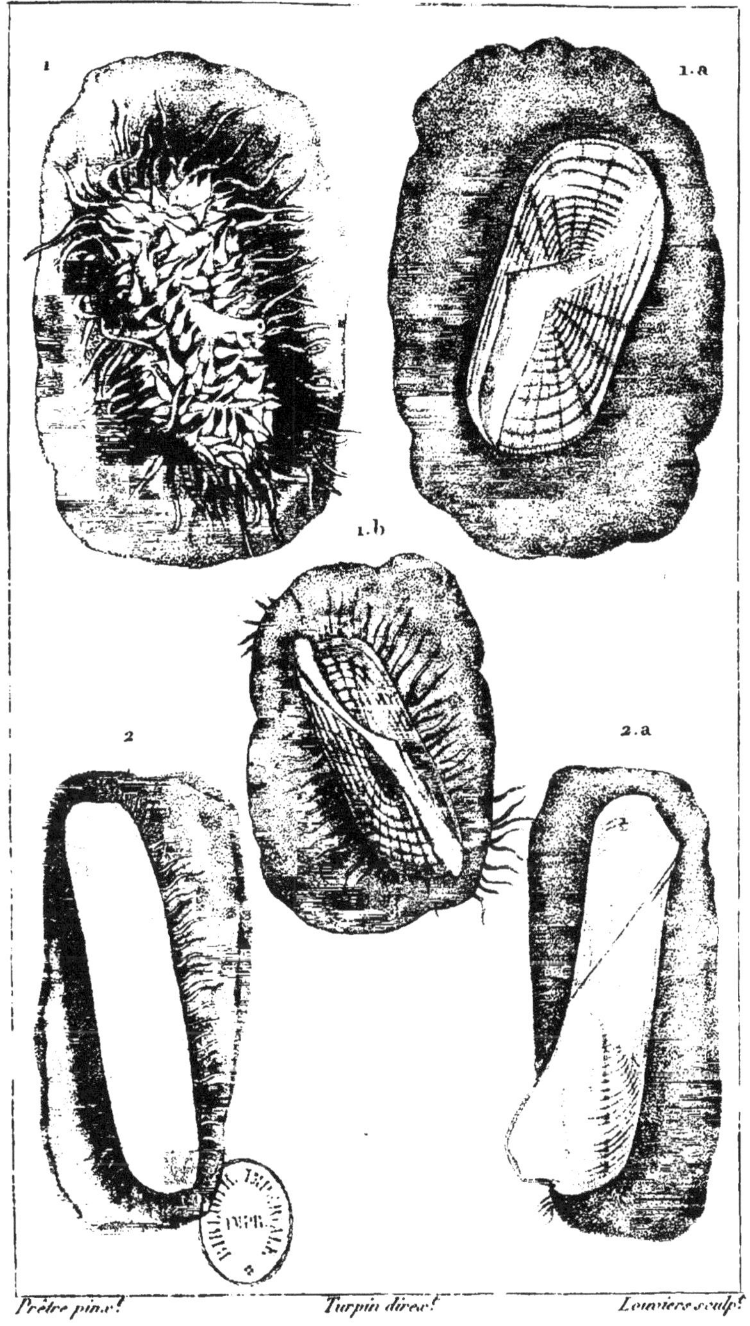

Prêtre pinx.t *Turpin direx.t* *Lemaire sculp.t*

1. 1a. VÉLELLE large. *(Dextre)* 1b. *La même. (Sénestre)*

2. 2a. VÉLELLE oblongue.

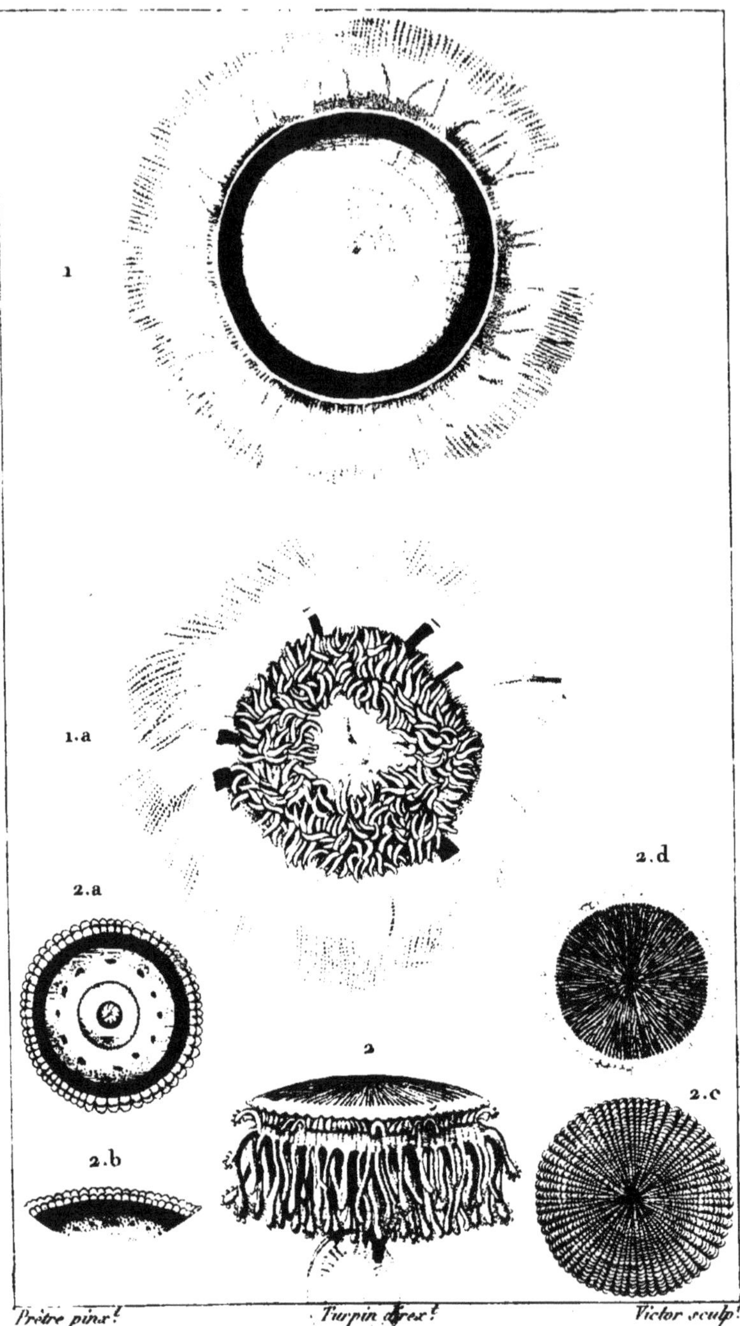

Prêtre pinx.t *Turpin direx.t* *Victor sculp.t*

1. PORPITE géante, *en dessus.* 1a. *La même, en dessous.*
2. P.......... glandifère, *de profil.* 2a. *La même, sans tentacules, en dessous.* 2b. *De côté.* 2c. 2d. *Son cartilage, en dessus et en dessous.*

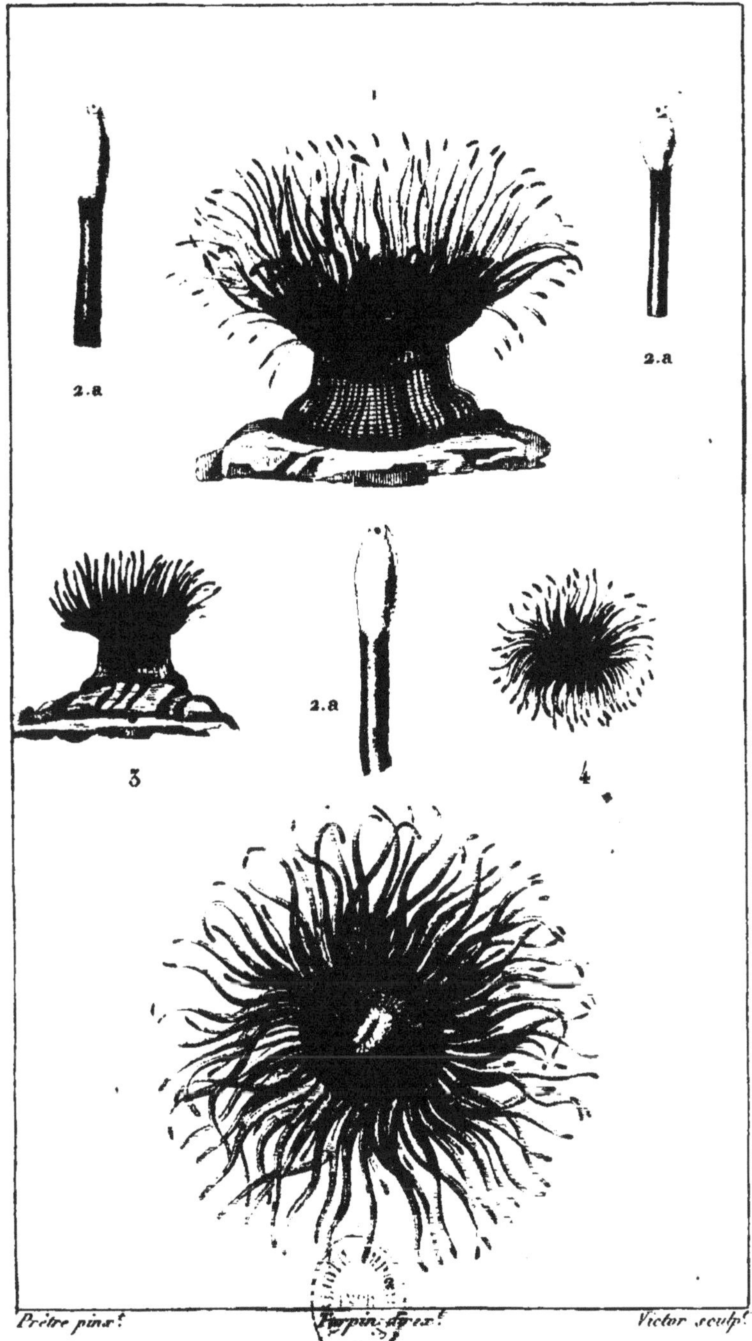

Prêtre pinx. Turpin direx. Victor sculp.

1 et 2. ACTINIE verte, *de grandeur naturelle, vue en deux sens différents.* 2a, 2a, 2a *Portions terminales de tentacules.* 3 et 4. *Jeune individu vu de face et de profil.*

ZOOLOGIE.

ACTINOZOAIRES. Zoanthaires.

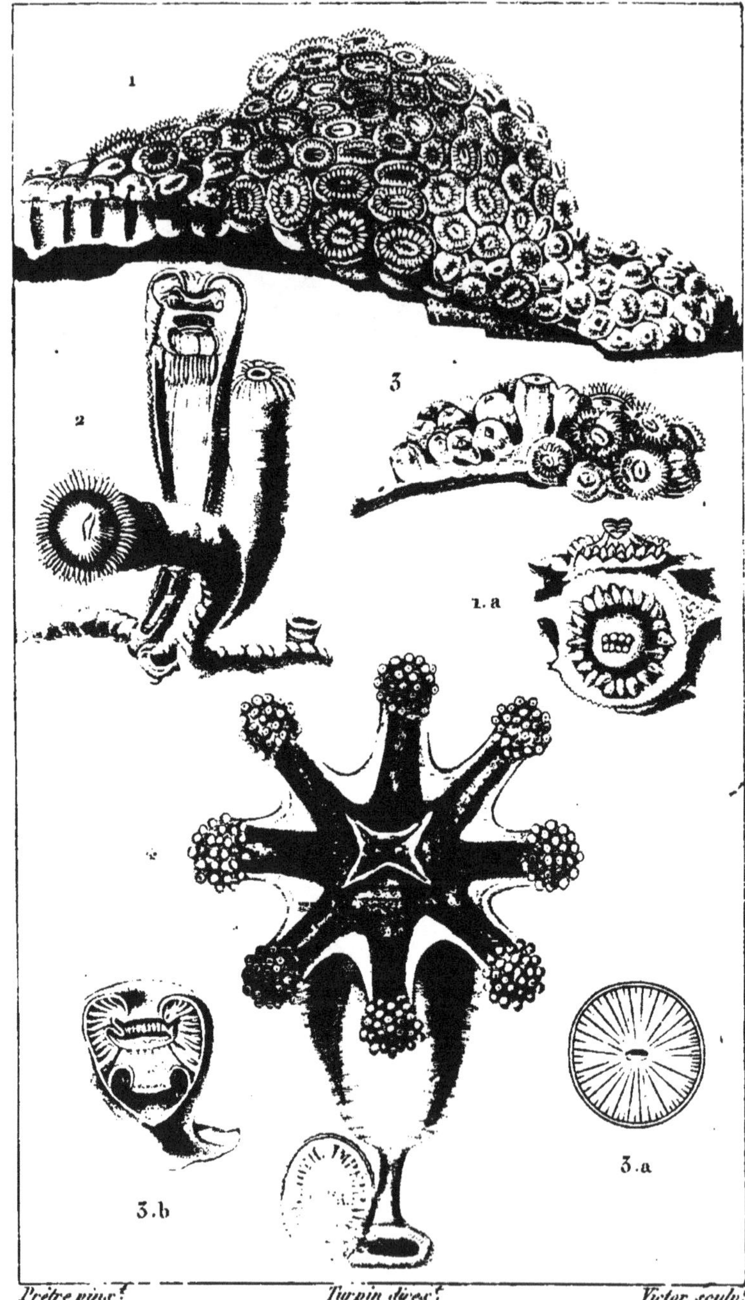

Prêtre pinx.t *Turpin direx.t* *Victor sculp.t*

1. CORTICIFÈRE glaréole. 2. ZOANTHE de Solander.
3. MAMILLIFÈRE auriculée. 4. LUCERNAIRE auricule.

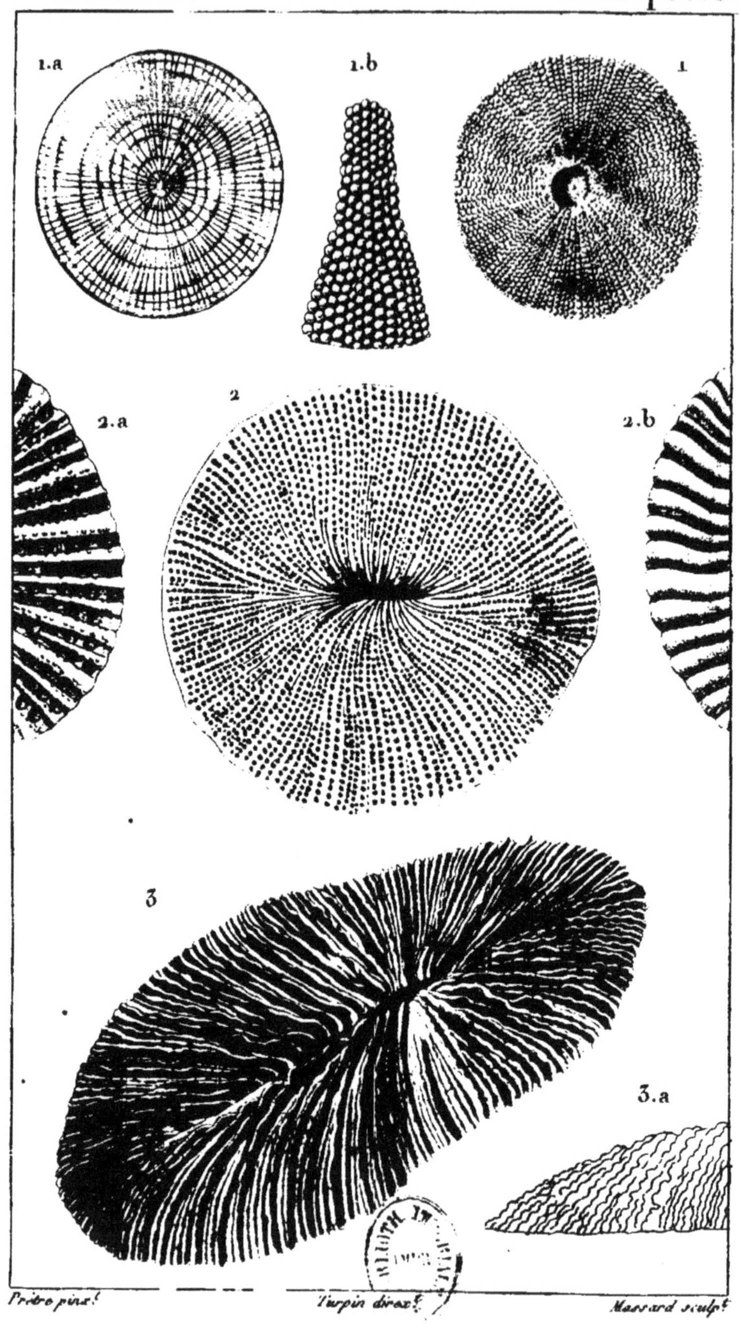

Prêtre pinx.t Turpin direx.t Massard sculp.t

1. CYCLOLITE numismale. 1.a. *Id. vue en dessous.* 1.b. *Détails.*

2. FONGIE patellaire. 2.a. *Portion vue en dessus.* 2.b. *Id. vue en dessous.*

3. FONGIE limace. 3.a. *Quelques lames vue de côté.*

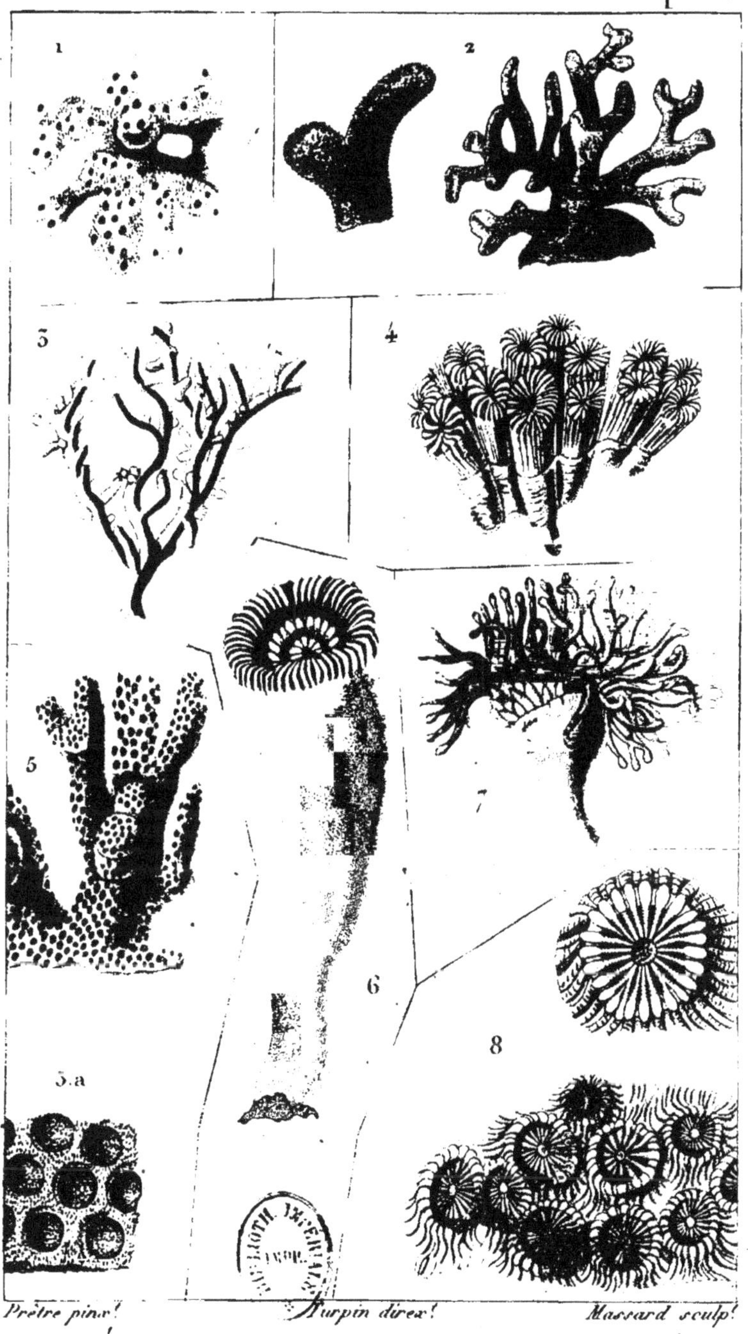

Prêtre pinx! *Turpin direx!* *Massard sculp!*

1. CELLÉPORE oculée. 2. DISTICHOPORE violet. 3. MILLÉPORE cervicorne. 4. CARYOPHYLLIE en gerbe. 5. PORITE multicaule. 5.a. *Id. portion grossie.* 6. CARYOPHYLLIE gobelet. 7. C. glabrescente *avec l'animal.* 8. ASTRÉE rayonnante.

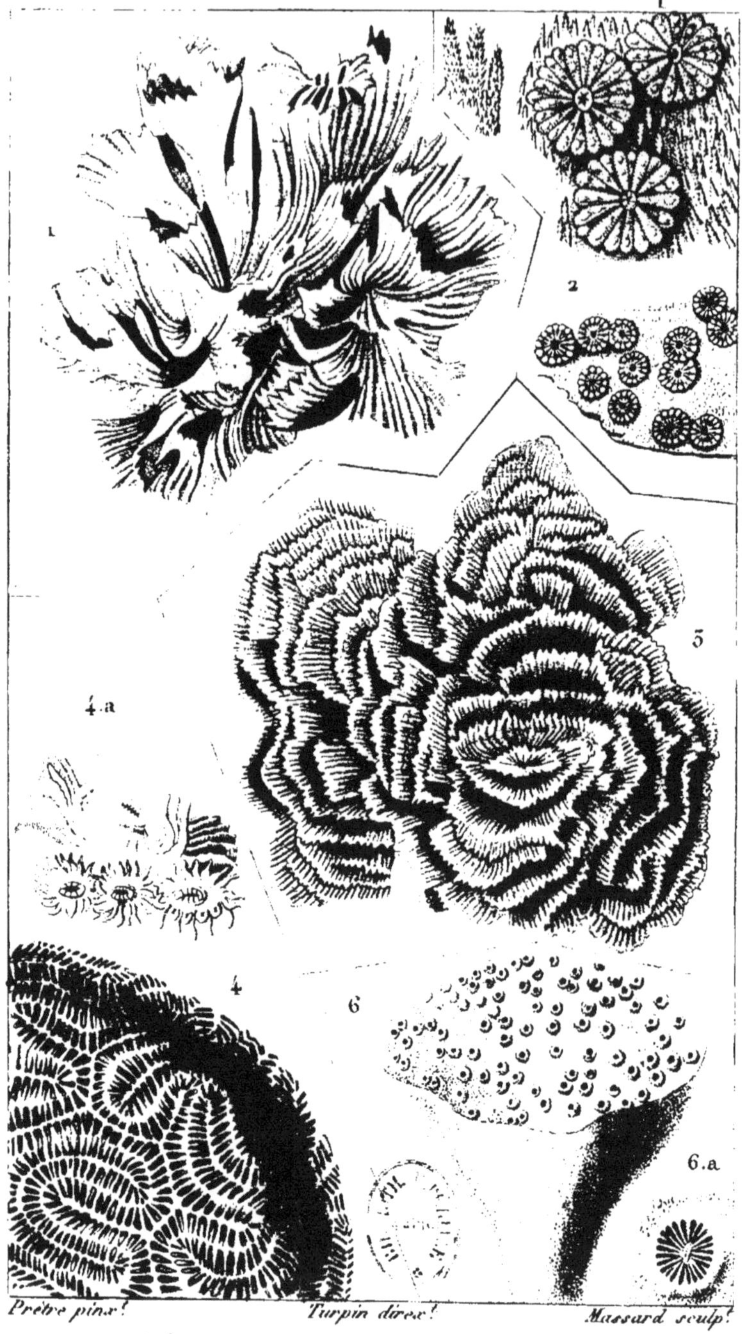

Prêtre pinx.t *Turpin direx.t* *Massard sculp.t*

1. PAVONIE laitue. 2. ECHINOPORE rosette. 3. AGARICE contournée. 4. MÉANDRINE labyrinthiforme. 4.a. *Fragment de la même avec les animaux.* 6. EXPLANAIRE entonnoir. 6.a. *Cellule grossie.*

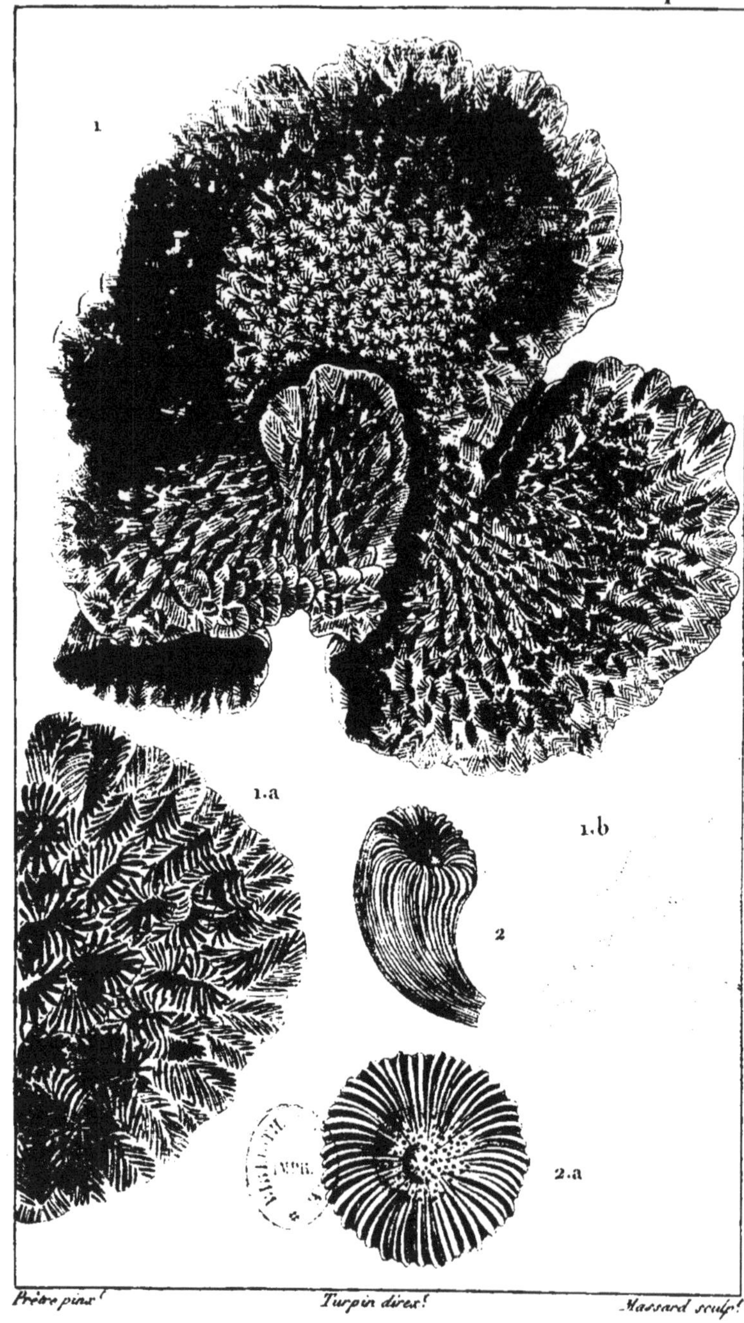

Prêtre pinx.t *Turpin direx.t* *Massard sculp.t*

1. MONTICULAIRE feuille. 1.a *Portion grossie.* 1.b *Id. vue en dessous.*

2. TURBINOLIE sillonnée. 2.a *Id. vue en dessus.*

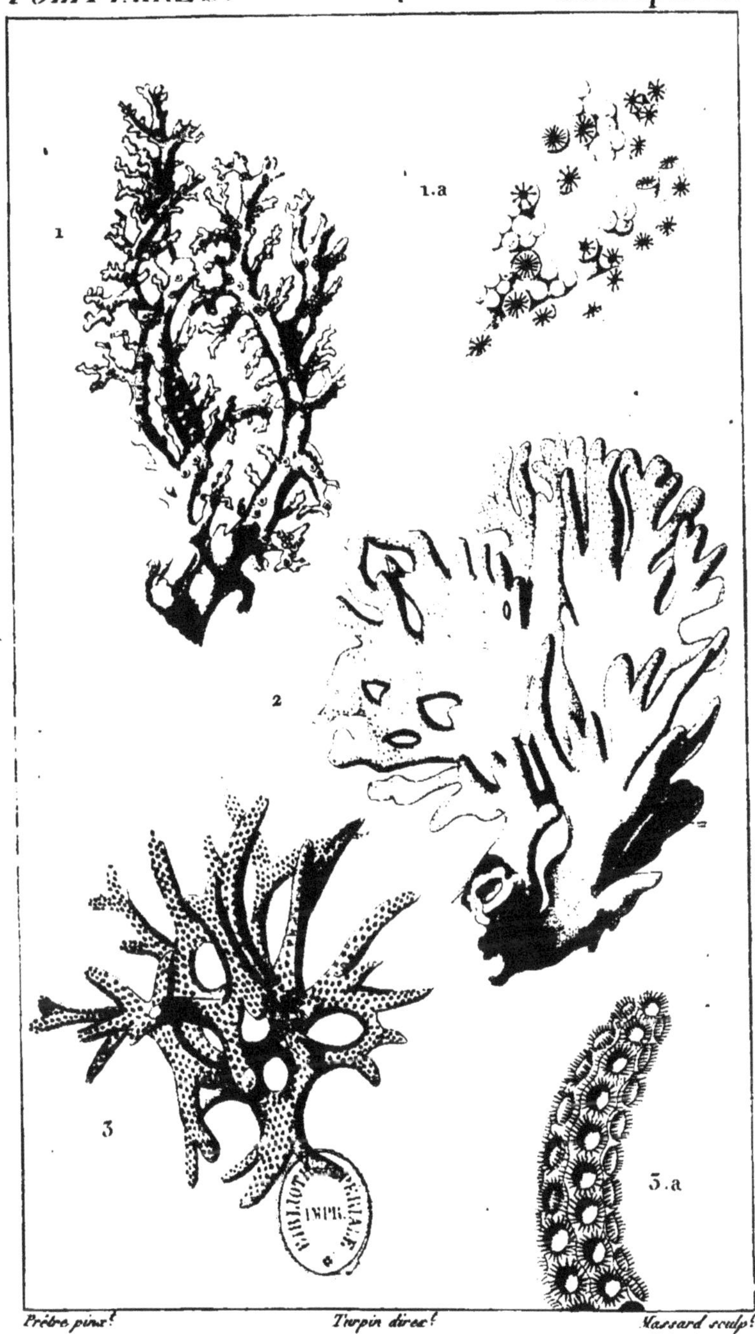

Prêtre pinx. *Turpin direx.* *Massard sculp.*

1. OCULINE rose. 1.a *Portion grossie.*

2. MILLÉPORE corne d'Elan.

3. SÉRIATOPORES piquant. 3.a. *Portion grossie.*

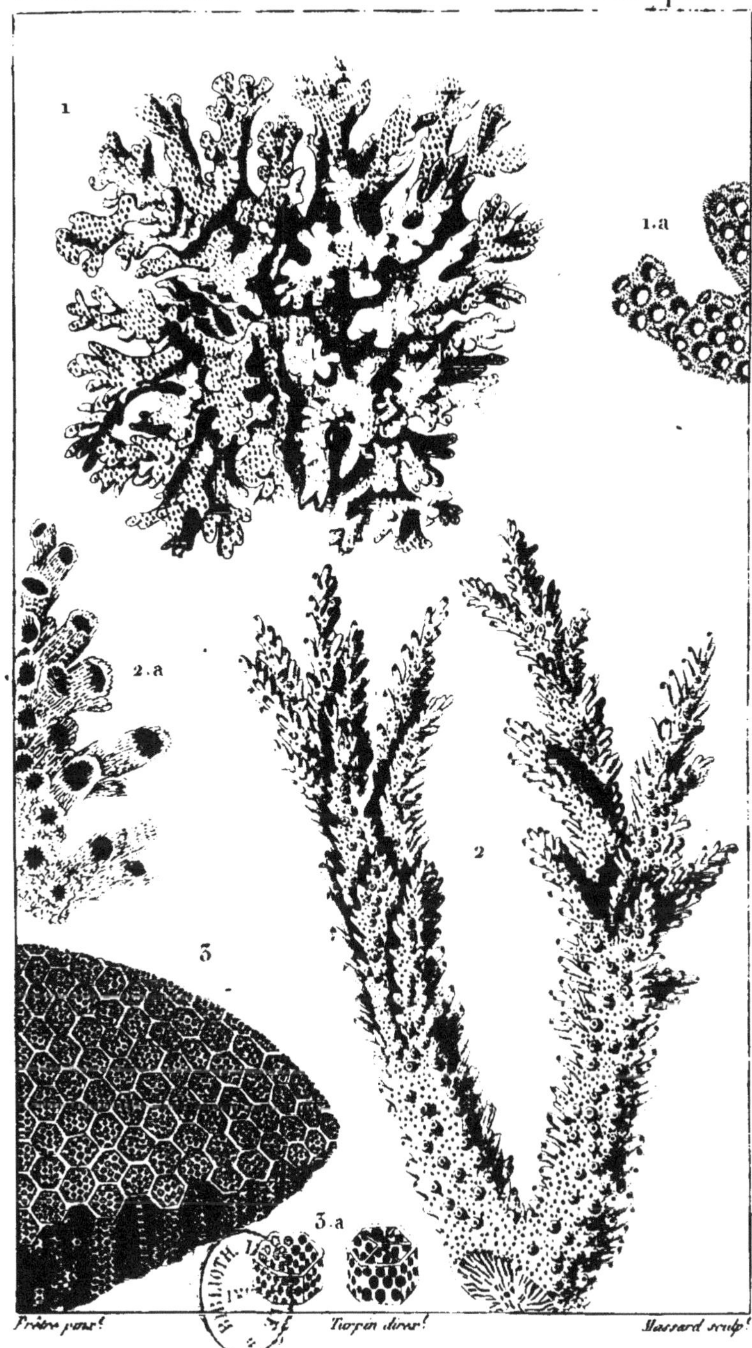

1. POCILLOPORE corne de Daim. 1.a. *Portion grossie.*

2. MADRÉPORE abrotanoïde. 2.a. *Portion grossie.*

3. PORITE de Péron. 3.a. *Détails du même.*

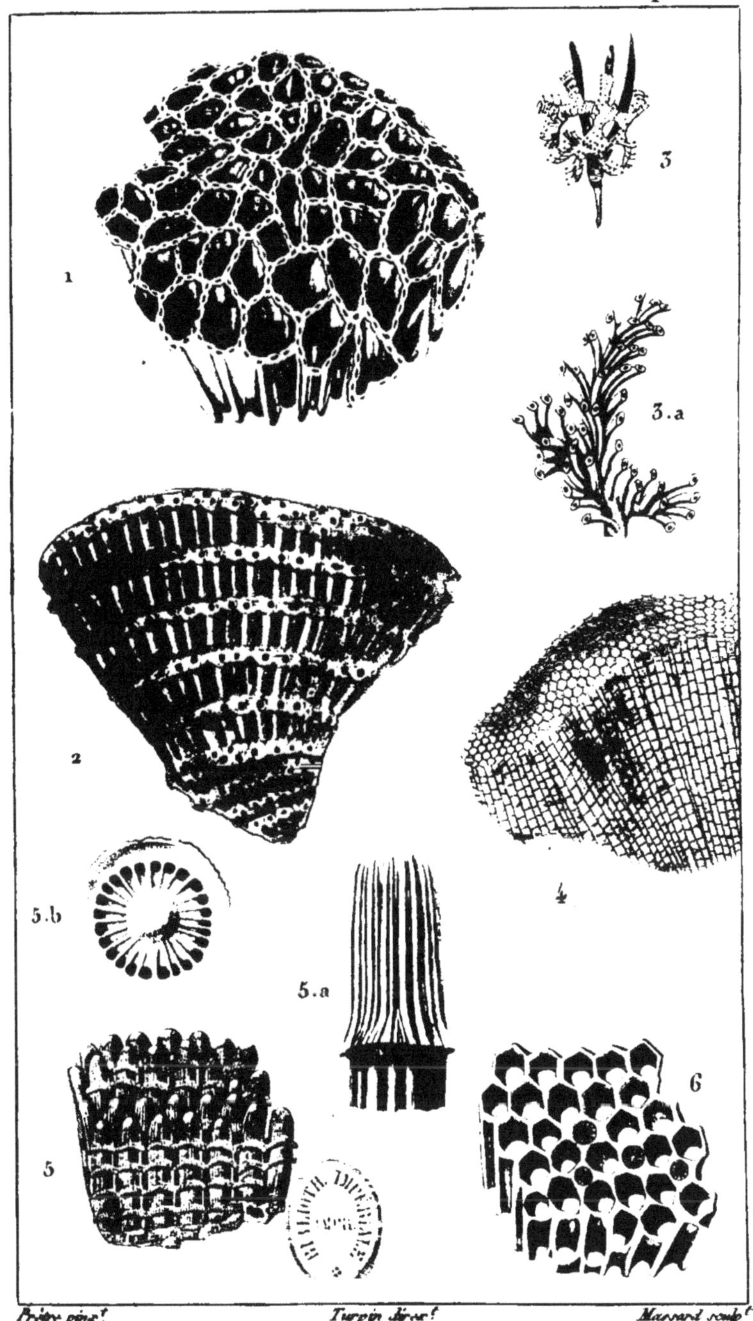

Prêtre pinx.t Turpin direx.t Massard sculp.t

1. CATÉNIPORE escharoïde. *(Fossile.)*
2. TUBIPORE pourpre.
3. TUBULIPORE foraminulé. 3.a *Id. grossi.*
4. FAVOSITE de Gothland. *(Fossile.)*
5. STYLINE échinulée. 5.a *Un tube grossi.* 5.b *Id. vu en dessous.*
6. SARCINULE perforée.

ZOOLOGIE.

POLYPIERS PIERREUX. *Fossiles.* Actinaires. Eschares.

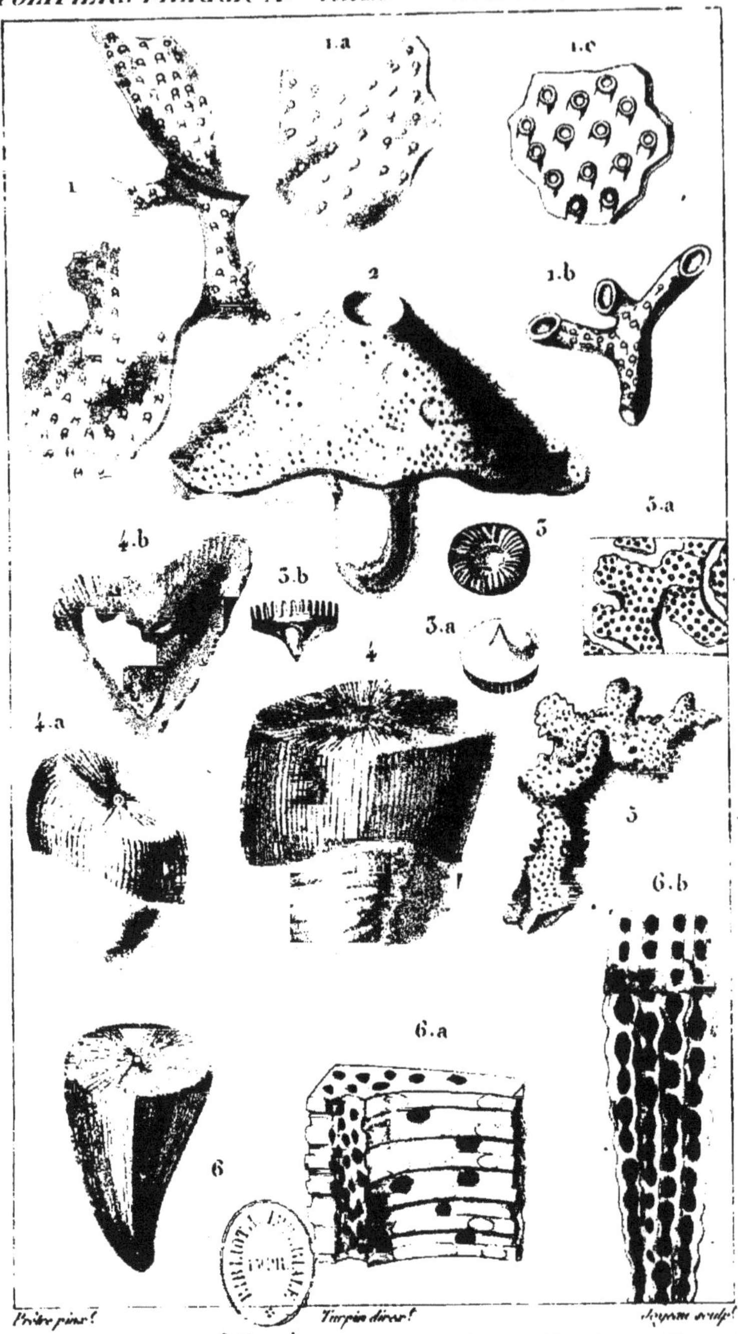

Prêtre pinx. *Turpin direx.* *Joyeau sculp.*

1. DIASTOPORE foliacée. *(Lam.)* 1a et 1b. *Id. dans différens états.* 1c. *Id. grossie.*
2. HIPPALIME fongoïde. *(Lam.)*
3. PÉLAGIE bouclier. *(Lam.)* 3a. *Id. vue en dessous.* 3b. *Id. vue de côté.*
4. MONTLIVALTIE caryophyllie. *(Lam.)* 4a. *Id. vu isolé.* 4b. *Id. coupé longitudinalement*
5. TILÉSIE tortueuse. *(Lam.)* 5a. *Id. fragment grossi.*
6. TURBINOLOPSE ochracé. *(Lam.)* 6a et 6b. *Id. fragmens grossis.*

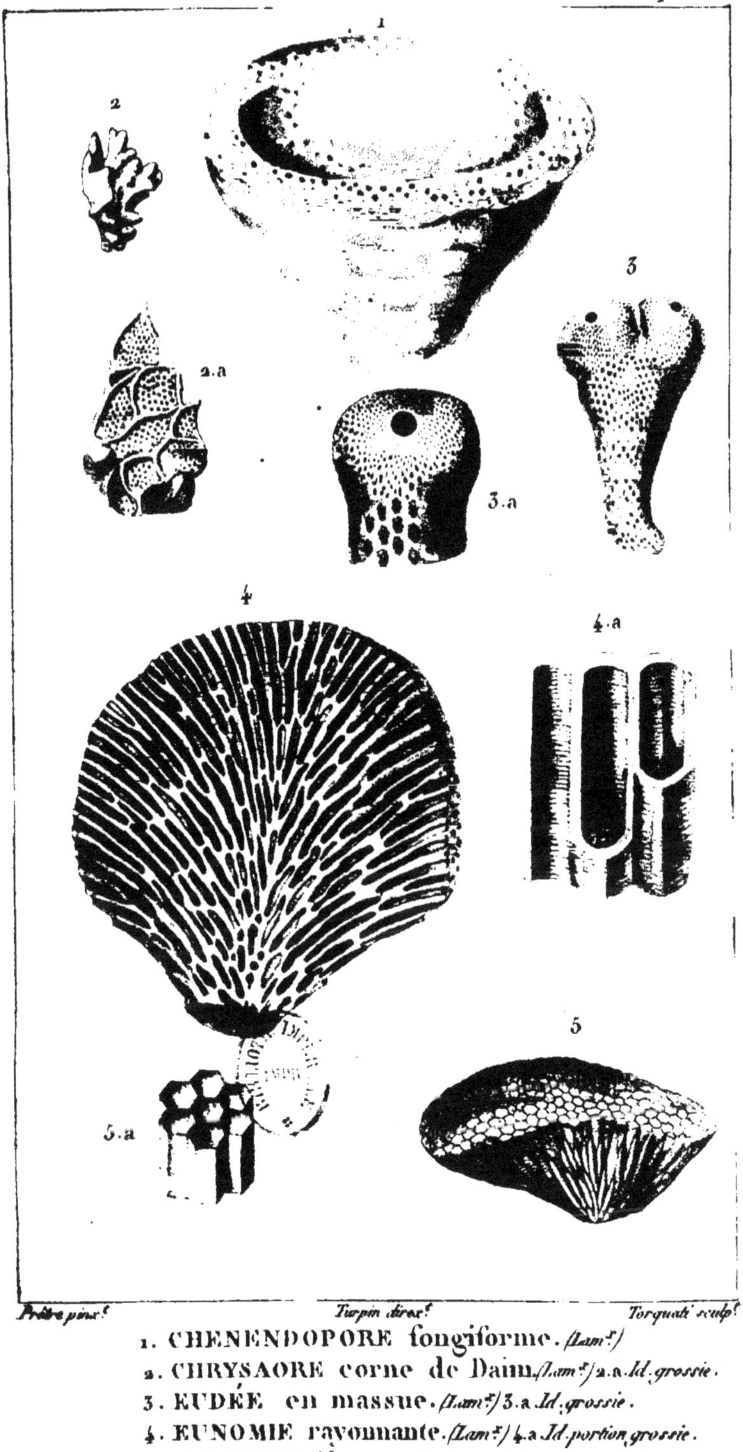

ZOOLOGIE.

1. Actinaires.
2 et 3. Millépores.
4 et 5. Tubiporés.

POLYPIERS PIERREUX. *Fossiles.*

Prêtre pinx.t *Turpin direx.t* *Torquati sculp.t*

1. CHENENDOPORE fongiforme. *(Lam.k)*
2. CHRYSAORE corne de Daim. *(Lam.k)* 2.a *Id. grossie.*
3. EUDÉE en massue. *(Lam.k)* 3.a *Id. grossie.*
4. EUNOMIE rayonnante. *(Lam.k)* 4.a *Id. portion grossie.*
5. FAVOSITE Alcyon. *(Def.)* 5.a *Id. portion grossie.*

ZOOLOGIE.

POLYPIERS PIERREUX. 1.5. Foraminés. 6. Lamelleux.

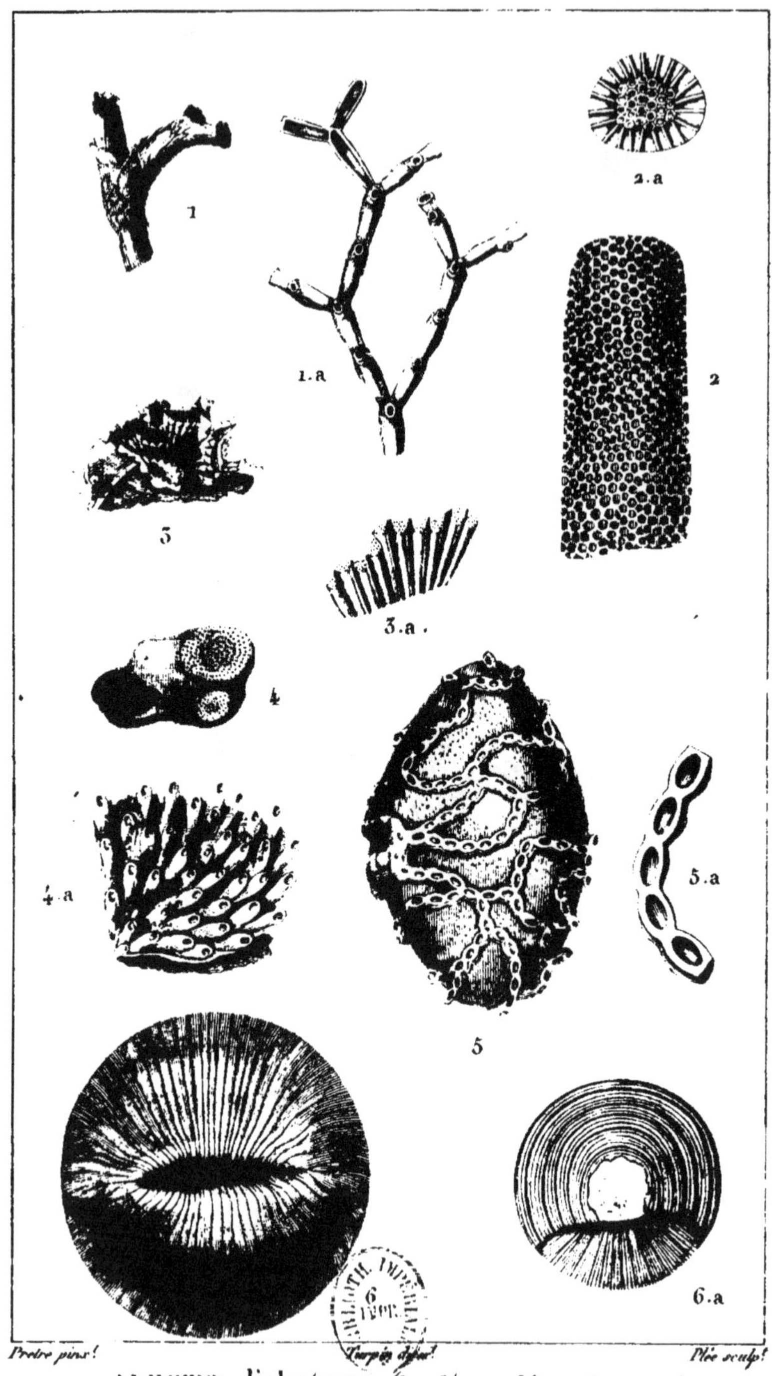

Pretre pinx! *Turpin direx!* *Plée sculp!*

1. ALECTO dichotome. *(Lam.)* 1.a. *Id. portion grossie.*
2. ALVÉOLITE madréporacée. *(Lam.)* 2.a. *Id. vue en dedans.*
3. APSENDESIE crêtée. *(Lam.)* 3.a. *Id. portion grossie.*
4. BÉRÉNICE du déluge. *(Lam.)* 4.a. *Id. grossie.*
5. CATÉNIPORE escharoïde. *(Lam.)* 5.a. *Id. portion grossie.*
6. CYCLOLITE hémisphérique. *(Lam.)* 6.a. *Id. vue en dessous.*

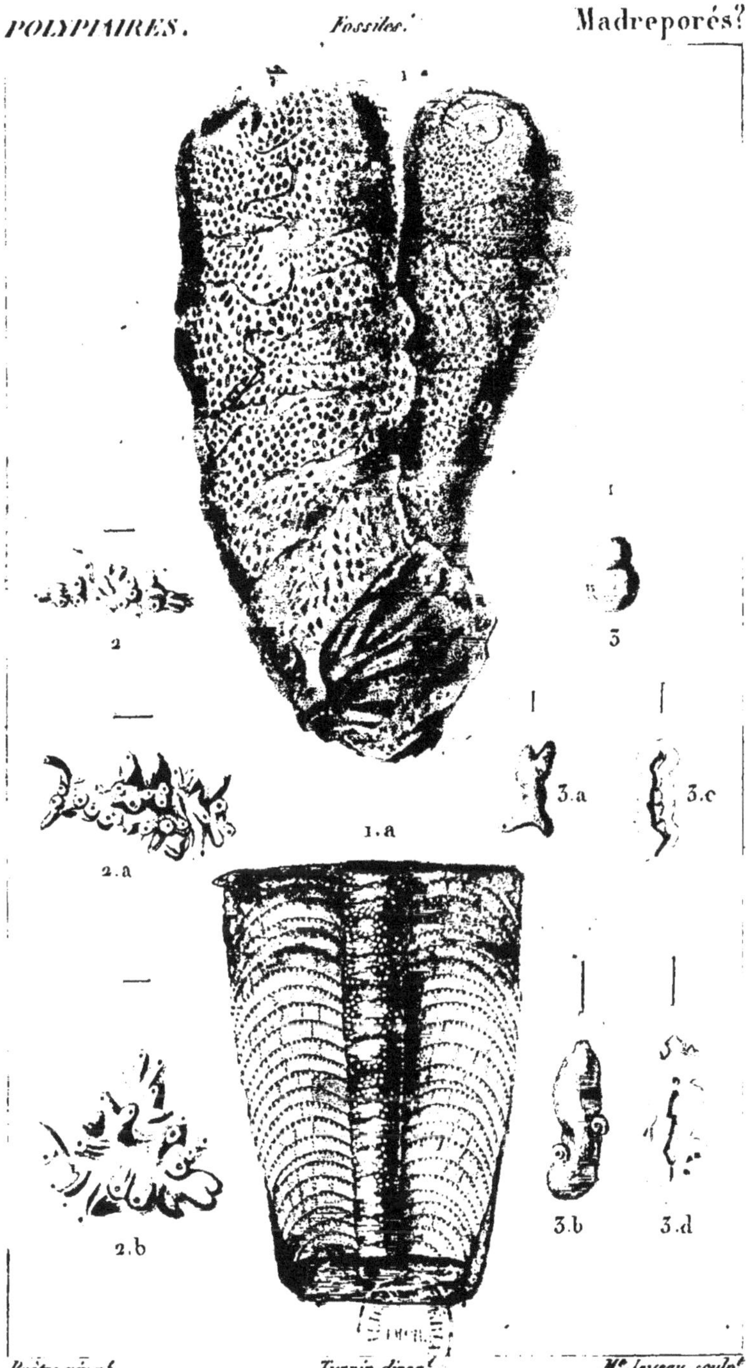

Prêtre pinx.t *Turpin direx.t* *M.e Joyeau sculp.t*

1. VERTICILLITE d'Ellis. *(Def.)* 1a. *Id. vue intérieurement.*

2. 2a. 2b. RUBULE de Soldani. *(Def.)*

3. 3a. 3b. NUBÉCULAIRE lucifuge. *(Def.)* 3c. 3d. *Id. vue en dessous.*

ZOOLOGIE.

POLYPIERS PIERREUX. *Fossiles.* Caryophyllaires Millépores.

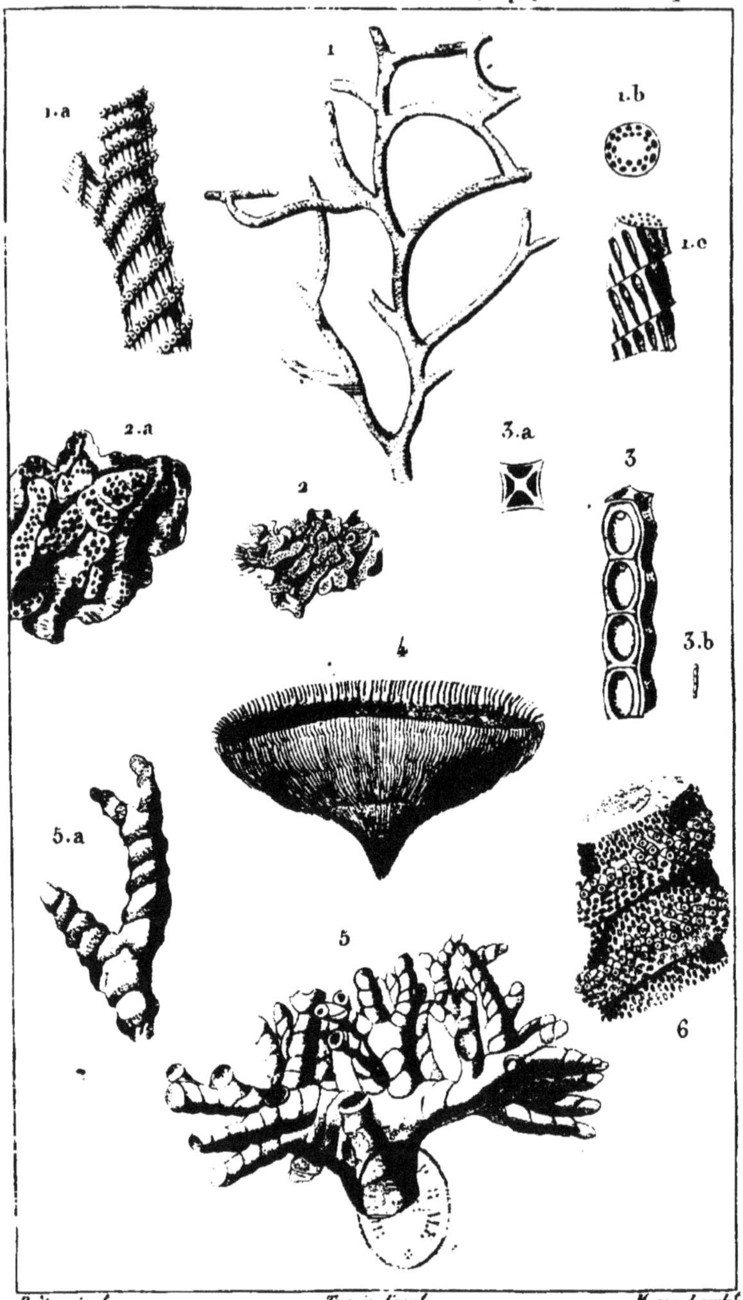

Prêtre pinx.t *Turpin direx.t* *Massard sculp.t*

1. SPIROPORE élégant *(Lam.k) 1.a. Id. grossi. 1.b. Id. coupe transversale. 1.c. Id. dépouillé de sa peau et grossi.* 2. THÉONÉE chlatrée *(Lam.k) 2.a. Id. gross.t*
3. VINCULAIRE fragile *(Def.) grossie. 3.a. Id. coupe transv.le gr.ie 3.b. Id. g.d nat.*
4. TURBINOLIE déprimée *(De Baso.) Mss. Grand. nat.*
5. TÉRÉBELLAIRE très-rameuse *(Lam.k) 5.a. Id. rameau grossi.*
6. TÉRÉBELLAIRE antilope *(Lam.k) fragment très grossi.*

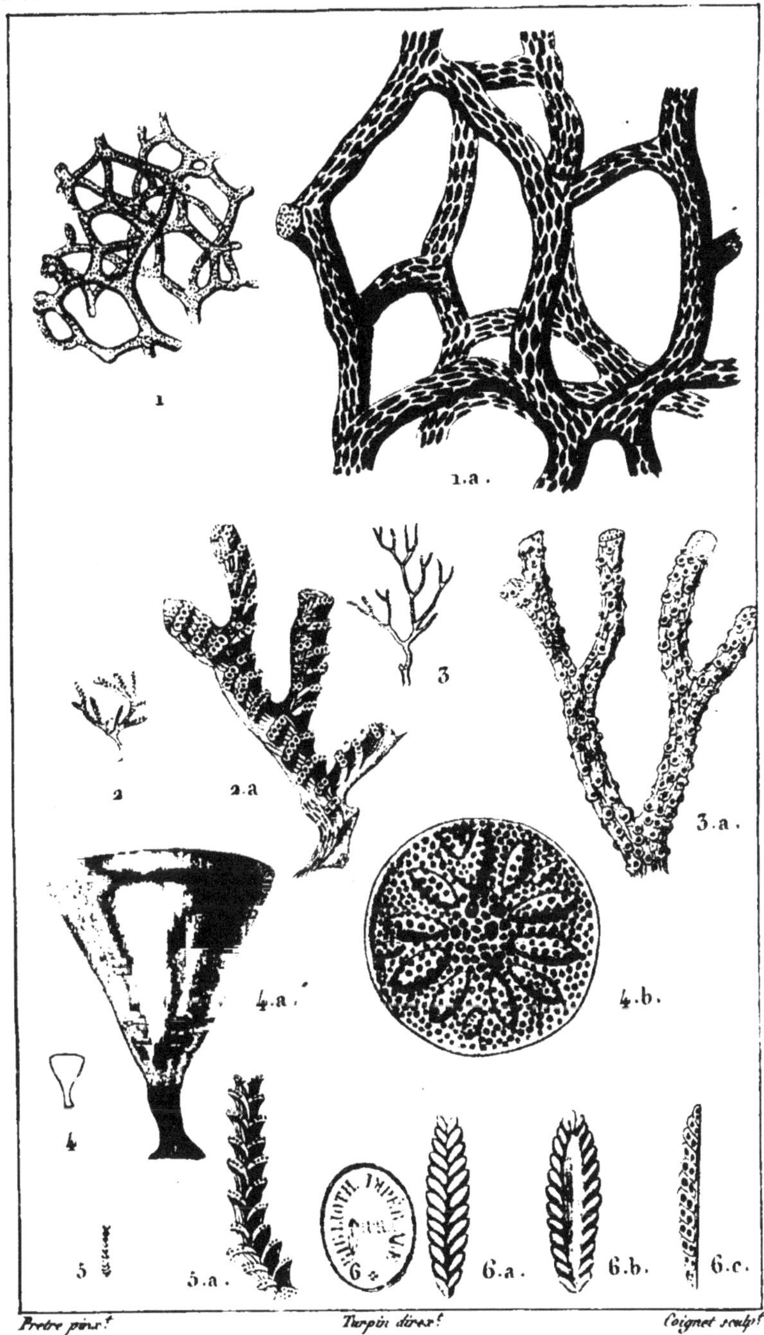

Pretre pinx.t Turpin direx.t Coignet sculp.t

1. INTRICARIE d'Ellis. *(Def.)* 1.a *Id. portion grossie.*

2. IDMONÉE triquètre. *(Lam.k)* 2.a *Id. portion grossie.*

3. HORNÈRE hyppolite. *(Def.)* 3.a *Id. portion grossie.*

4. LICHENOPORE turbinée. *(Def.)* 4.a *Id. grossie.* 4.b *Id. vue en dessus.*

5. IDMONÉE échelonée. 5.a *Id. portion grossie.*

6. PALMULAIRE de Soldani. *(Def.)* 6.a, 6.b et 6.c *Id. grossi et vu sous différentes faces.*

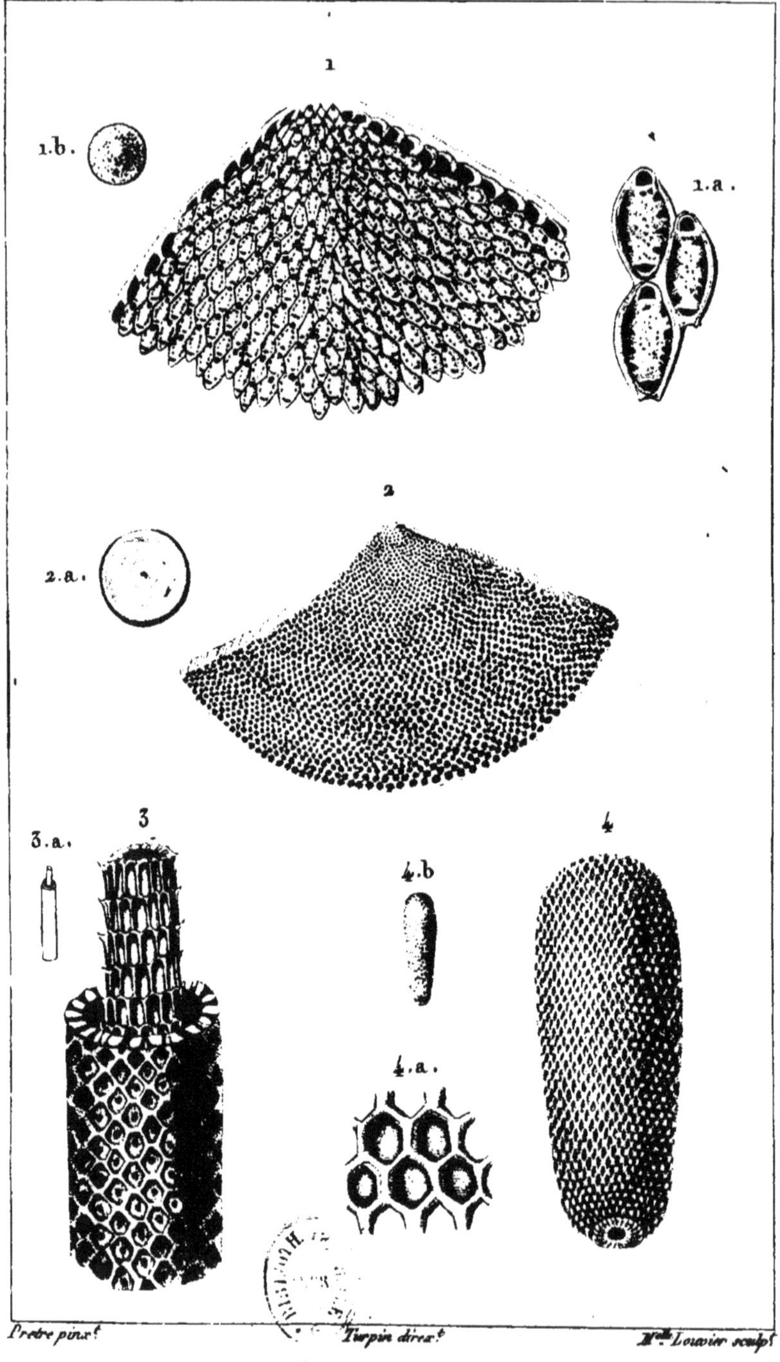

Pretre pinx.t *Turpin direx.t* *M.lle Louvier sculp.t*

1. LUNULITE en-parasol. *(Def.) 1.a. Id. cellules grossies 1.b. Id. grand. nat.*

2. ORBULITE plane. *(Lam.) portion grossie. 2.a. Id. grand. nat.*

3. VAGINOPORE fragile. *(Def.) 3.a. Id. grand. nat.*

4. DACTYLOPORE cylindracé. *(Lam.) 4.a. Id. cellules grossies 4.b. Id. grand. nat.*

ZOOLOGIE.

POLYPIERS PIERREUX. Foraminés.

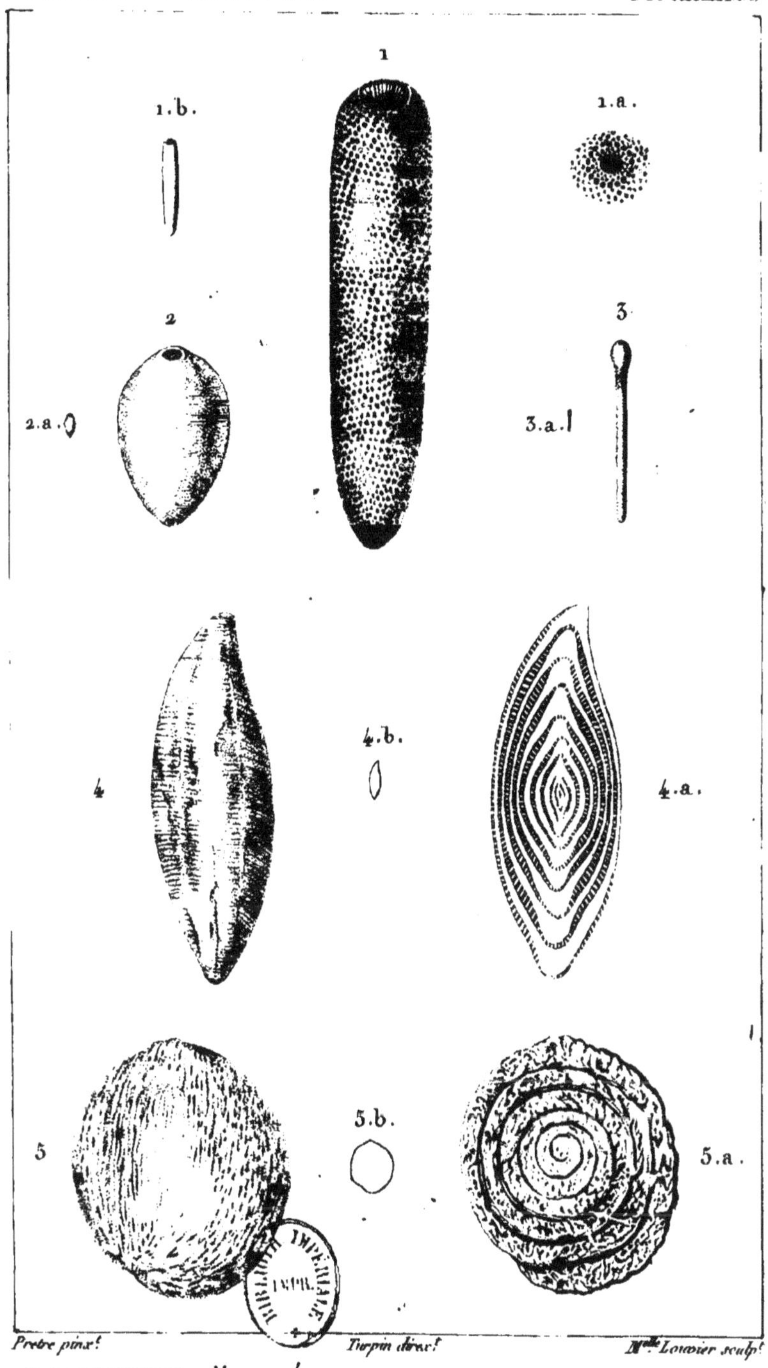

Pretre pinx.t Turpin direx.t Mlle Louvier sculp.t

1. POLYTRYPE allongé. *(Def.)* 1.a. *Id. partie inférieure.* 1.b. *Id. grand. nat.*

2. OVULITE perle. *(Lam.)* 2.a. *Id. grand. nat.*

3. OVULITE allongée. *(Lam.)* 3.a. *Id. grand. nat.*

4. ORYZAIRE Bosc. *(Def.)* 4.a. *Id. coupée transv.ent* 4.b. *Id. grand. nat.*

5. FABULAIRE discolithe. *(Def.)* 5.a. *Id. coupée transv.t* 5.b. *Id. grand. nat.*

ZOOLOGIE.

1. Alcyonés.
2 et 4. Actinaires.
3. Milléporés.
5. Tubiporés.

POLYPIERS PIERREUX. *Fossiles.*

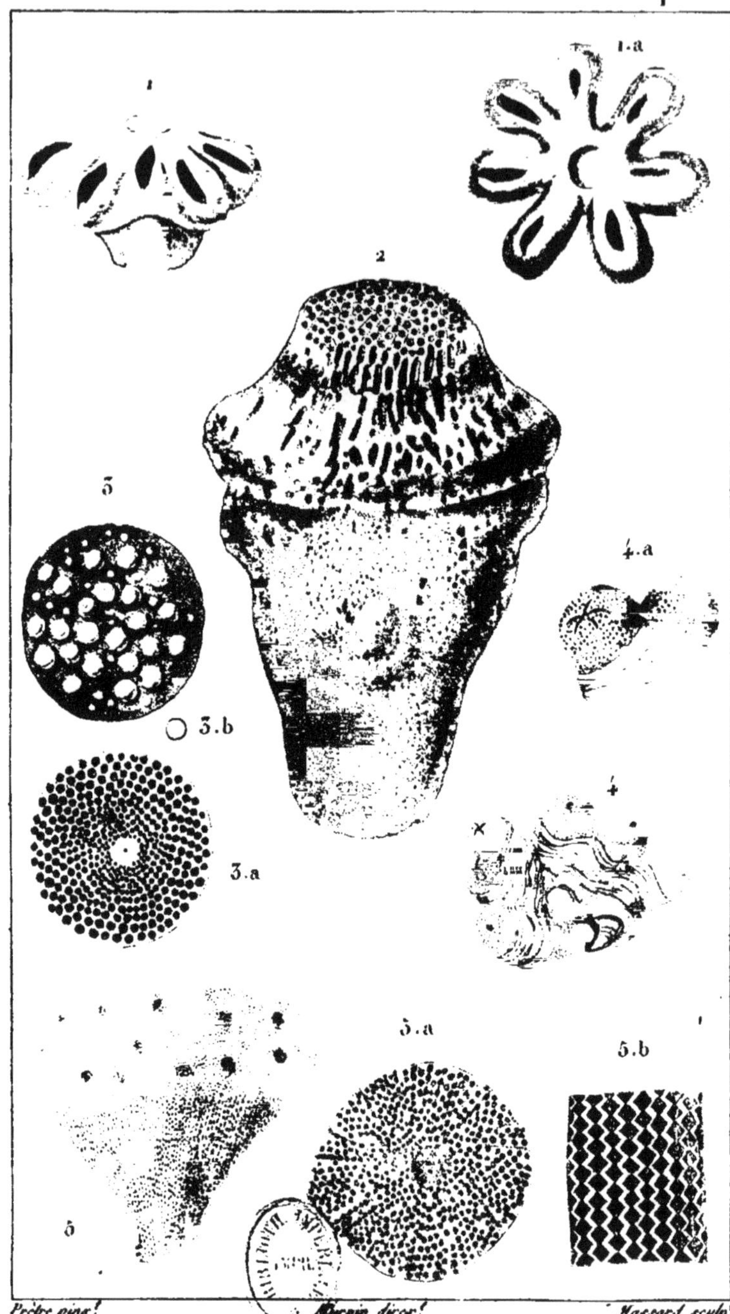

Prêtre pinx.t *Turpin direx.t* *Massard sculp.t*

1. HALLIRHOÉ à côtes. *(Lam.k)* 1.a *Id. vu de face.*

2. IÉRÉE pyriforme. *(Lam.k)*

3. LICOPHRE lentille. *(Montf.) en dessus, grossi.* 3.a *Id. vu en dedans.* 3.b *Gr. nat.*

4. LYMNORÉE mamelonnée. *(Lam.k)* 4.a *Id. grossie.*

5. MICROSOLÈNE poreuse. *(Lam.k)* 5.a *Une des étoiles gros.ie* 5.b *Surface latérale gr.ie*

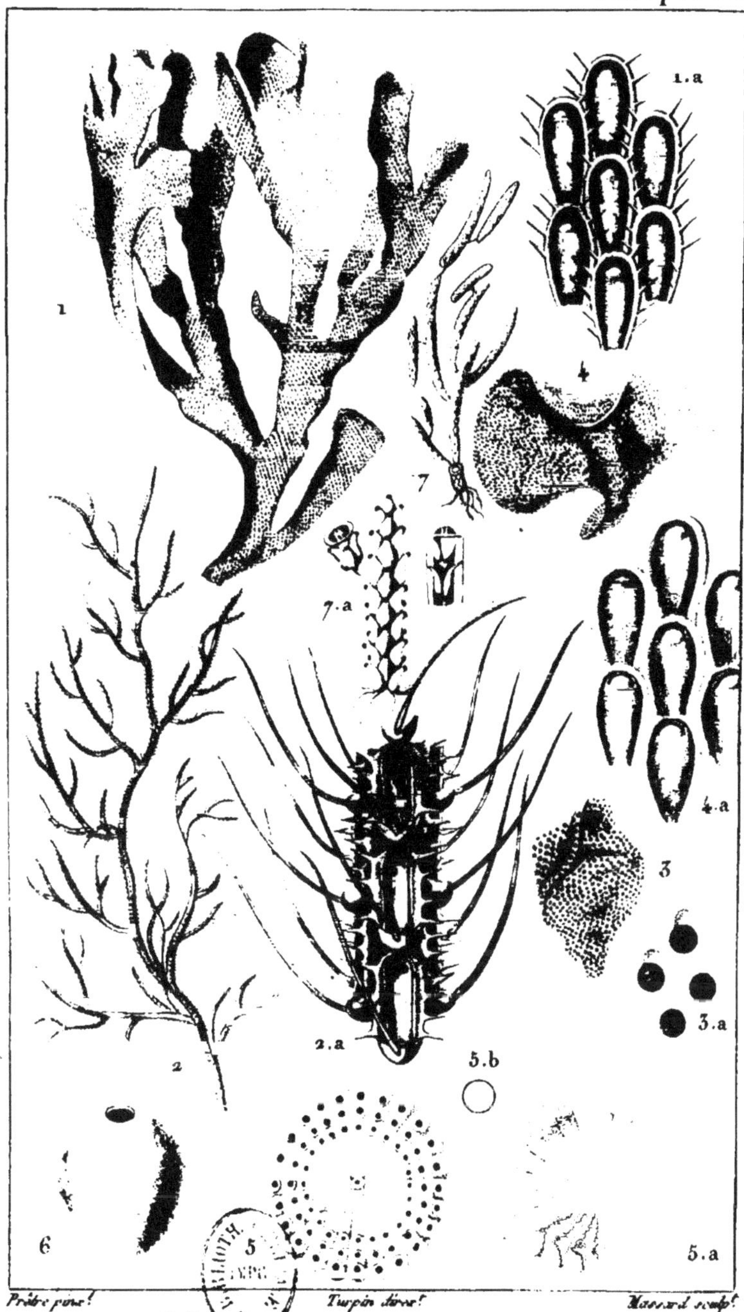

Prêtre pinx. *Turpin direx.* *Massard sculp.*

1. FLUSTRE foliacée. 1.a. *Quelques cellules grossies.*
2. FLUSTRE pileuse. 2.a. *Quelques cellules grossies.*
3. ESCHARE bouffant. *(pot. part.)* 3.a. *Quelques pores grossis.*
4. DISCOPORE réticulaire. 4.a. *Quelques cellules grossies.*
5. LUNULITE radiée. *(Fossile.) vue en dessus et grossie.* 5.a. *Id. vue en dessous.*
5.b. *Id. grand. nat.* 6. OVULITE perle. *(Fossile.) très grossie.*
7. CELLAIRE céréoïde. *(Lam.)* 7.a. *Portion inférieure, grossie.*

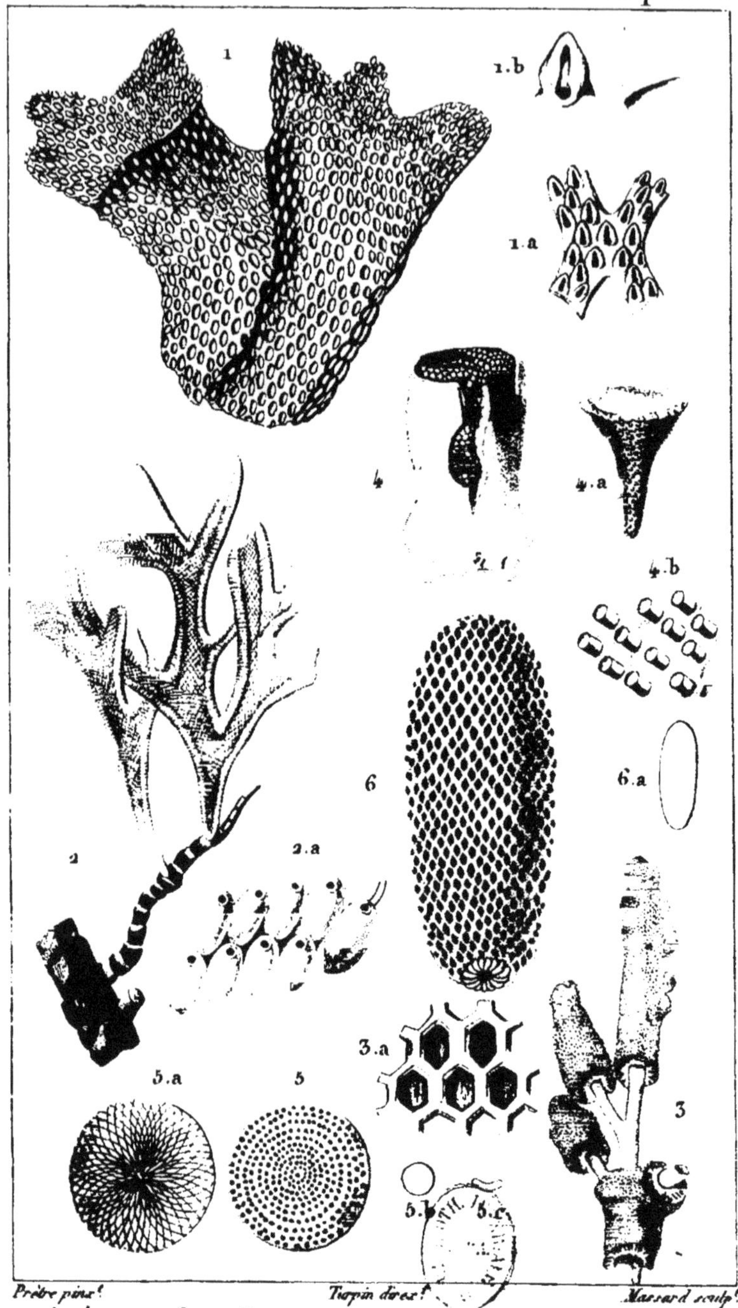

Prêtre pinx.t *Turpin direx.t* *Massard sculp.t*

1. RÉTÉPORE dentelle. *(partie)* 1.a. *Cellules grossies.* 1.b *Id. encore plus.*
2. ADÉONE foliifère 2.a. *Quelques cellules grossies.*
3. ALVÉOLITE encroutante. 3.a *Id. quelques cellules grossies.*
4. OCELLAIRE nue. *(Foss.)* 4.a. Ocell. *enveloppée.* 4.b *Axe des cellules.*
5. ORBICULITE lenticulée. *(Fossile.) en dessus.* 5.a *Id. en dessous.* 5.b *gr. nat.* 5.c *Id. de profil.*
6. DACTYLOPORE cylindracé *grossi. (Fossile.)* 6.a *Id. de grand. nat.*

Pretre pinx! Turpin direx! Mᵉ Rebel sculp!

1. CELLAIRE salicor. 1.a. 1.b. *Part. grossies.* 2. EUCRATÉE Cornet. 2.a. *Part. grossie.* 3. ACHAMARCHIS néritine. 3.a. *Part. grossie.* 4. CABÉRÉE dichotome. 4.a. *Deux cellules grossies.*

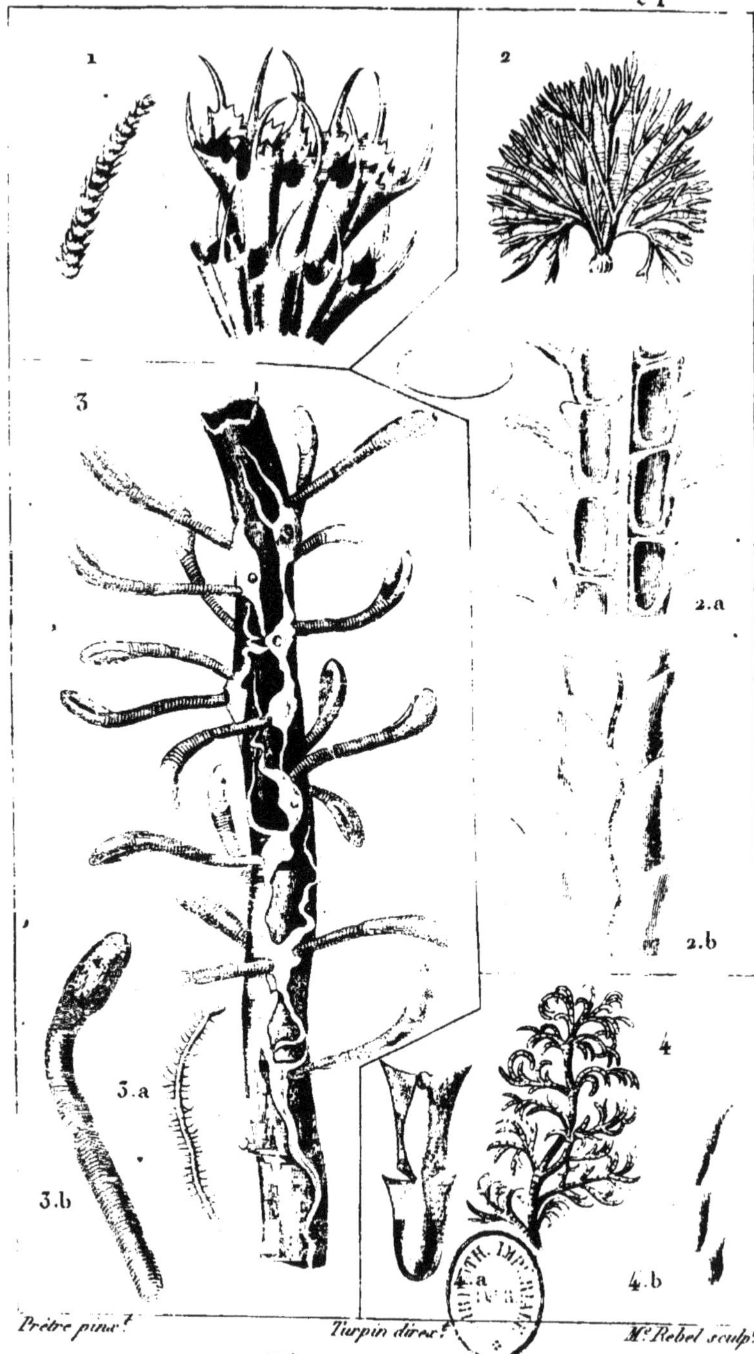

Prêtre pinx.t *Turpin direx.t* *M.e Rebel sculp.t*

1. ELECTRE verticillée. 2. CANDA arachnoïde. 2.a *et* 2.b. *Part. grossies.* 3. ANGUINAIRE serpent, *grossie.* 3.a. *La même de grand. nat.* 3.b. *Cellule très grossie.* 4. MÉNIPÉE Hyale. 4.a *et* 4.b. *Cellul.s grossies.*

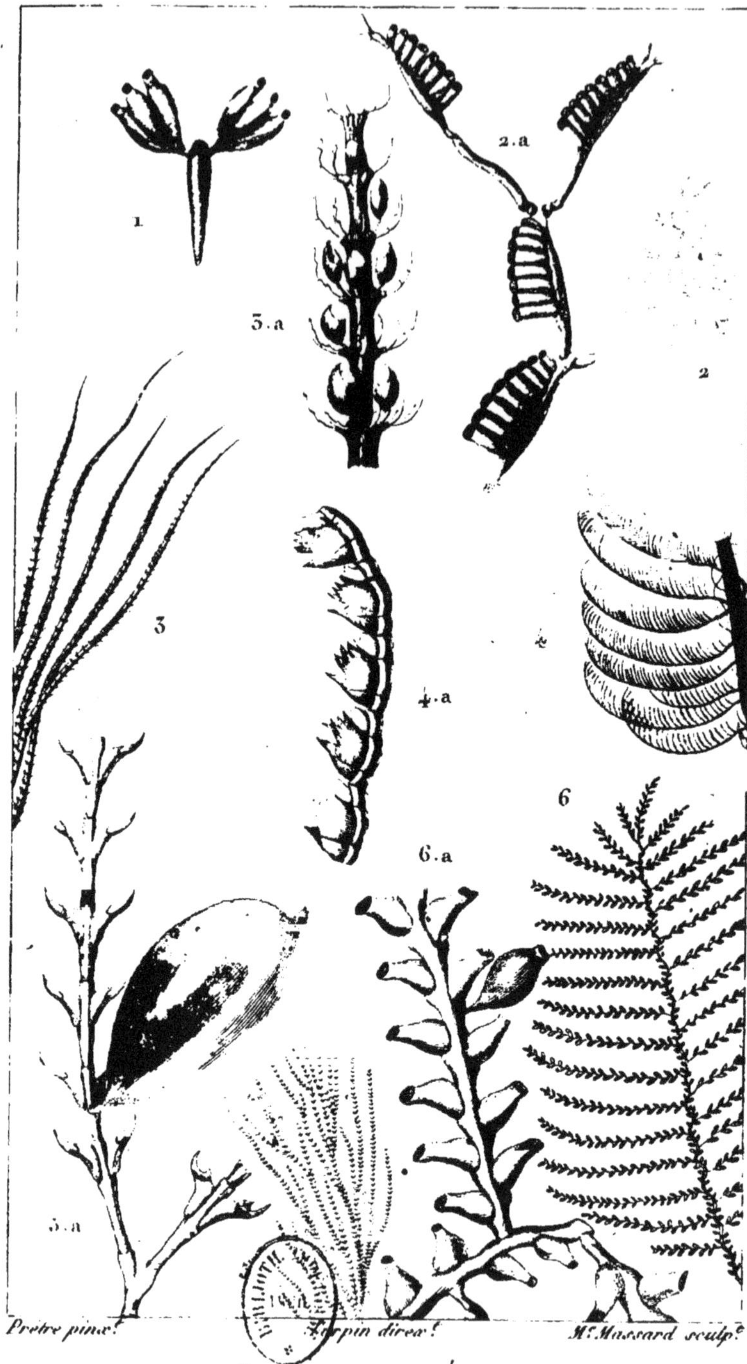

1. LIRIZOAIRE tulipifère. 2. 2a. SÉRIALAIRE lendigère.
3. 3a. ANTENNULAIRE indivise. 4. 4a. PLUMULAIRE myriophylle.
5. 5a. DYNAMINE operculée. 6. 6a. SERTULAIRE abiétine.

ZOOLOGIE.

ACTINOZOAIRES. Sertulariés.

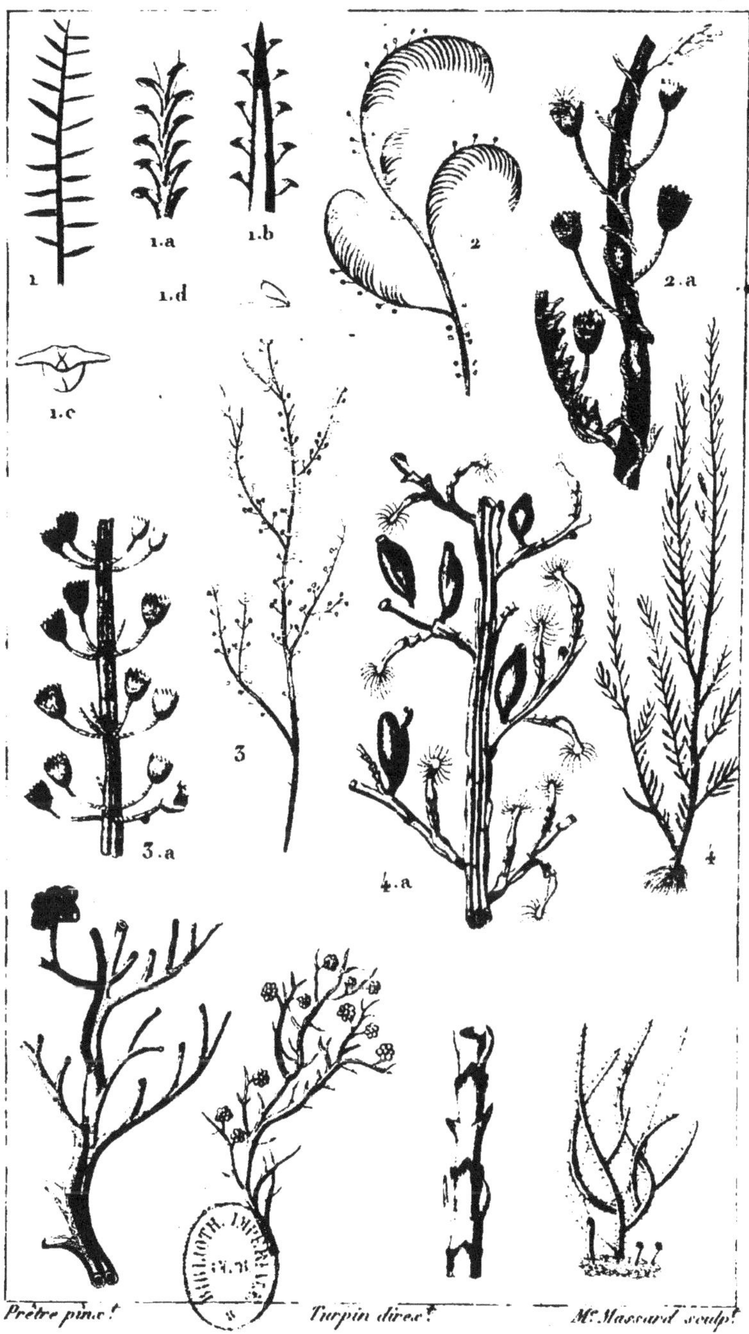

Prêtre pinx.t Turpin direx.t M.e Massard sculp.t

1. à 1d. IDIE scie. 2. 2a. CLYTIE volubile.

3. 3a. CAMPANULAIRE verticillée. 4. 4a. THOA halecine.

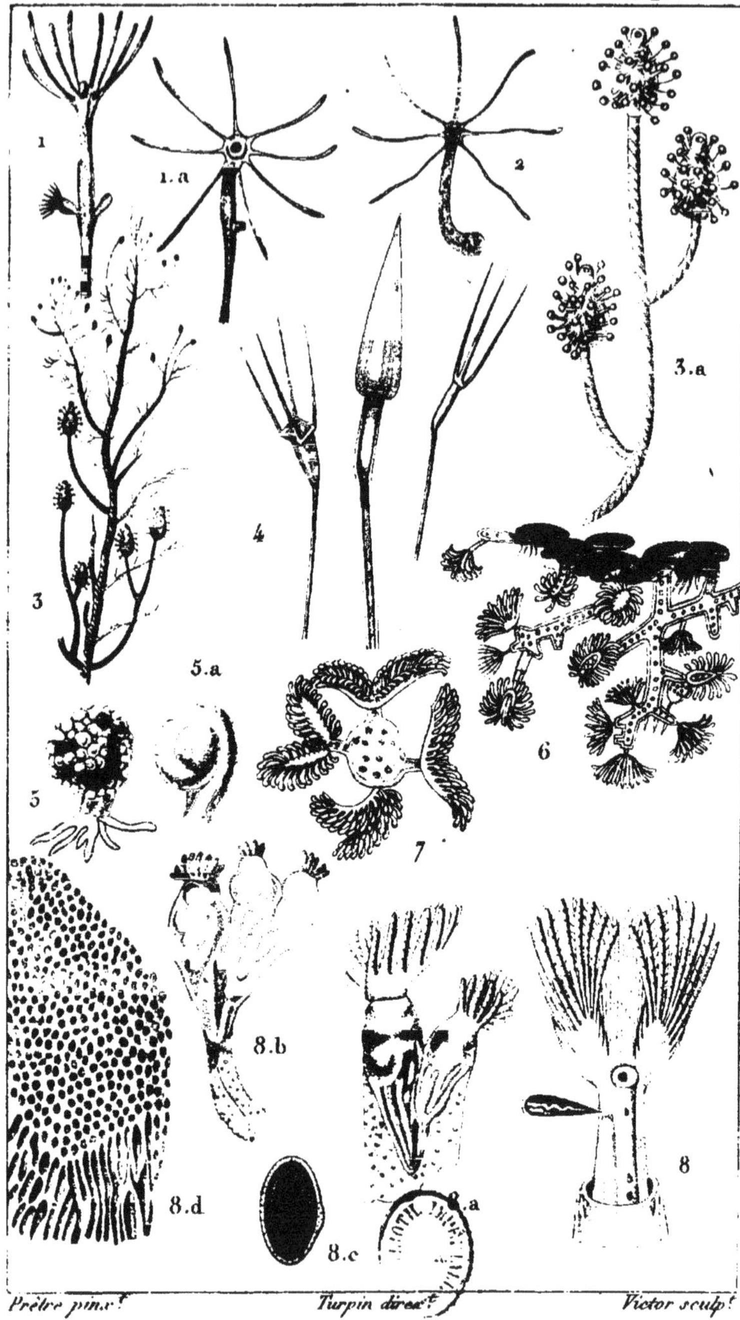

Prêtre pinx.t *Turpin direx.t* *Victor sculp.t*

1.1a. HYDRE verte. 2. H. rose. 3. 3a. CORYNE glanduleuse. 4. PÉDICELLAIRE trident. 5. DIFFLUGIE protéiforme. 6. PLUMATELLE campanulée. 7. CRISTATELLE vagabonde. 8. ALCYONELLE des étangs *en dessus.* 8a. 8b. *2-3 individus de côté.* 8c. *Œuf.* 8d. *Son polypier.*

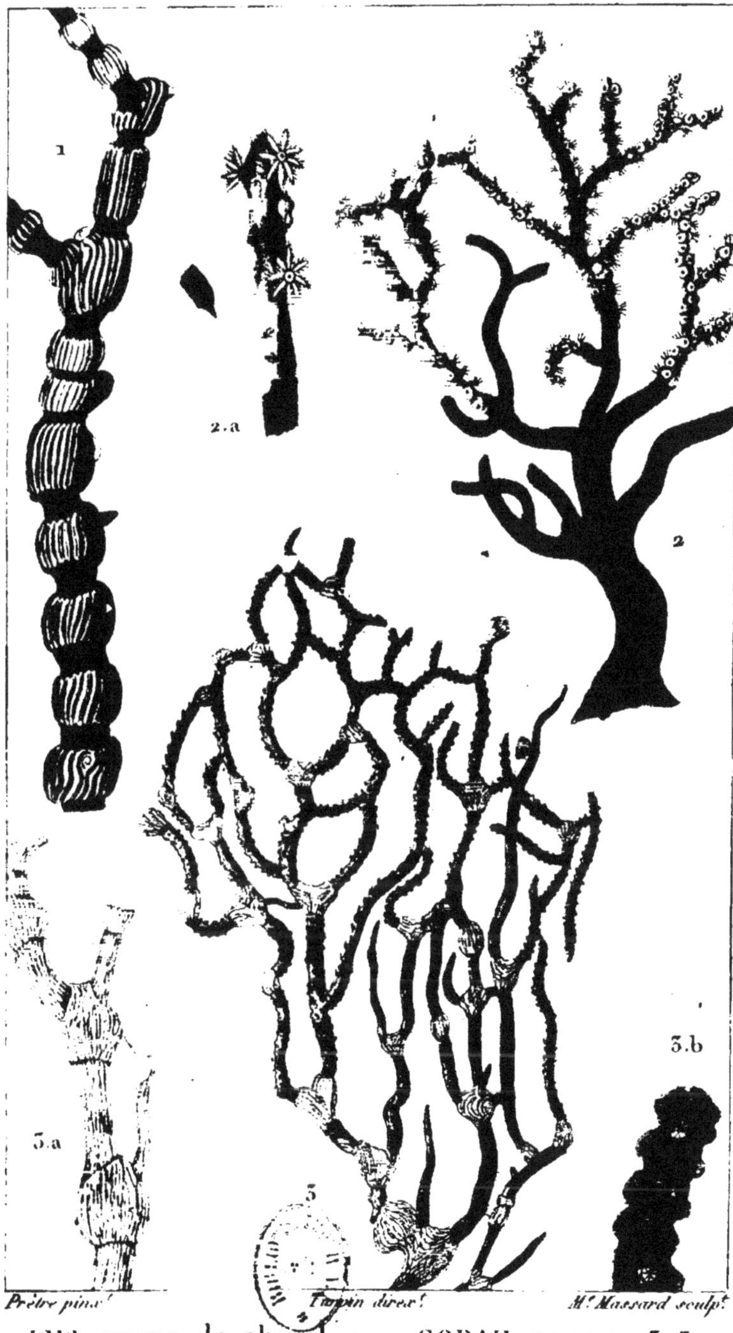

Prêtre pinx.t *Turpin direx.t* *M.e Massard sculp.t*

1. ISIS queue de cheval. 2. 2a. CORAIL rouge. 3. 3a. 3b. MÉLITÉE ochracée.

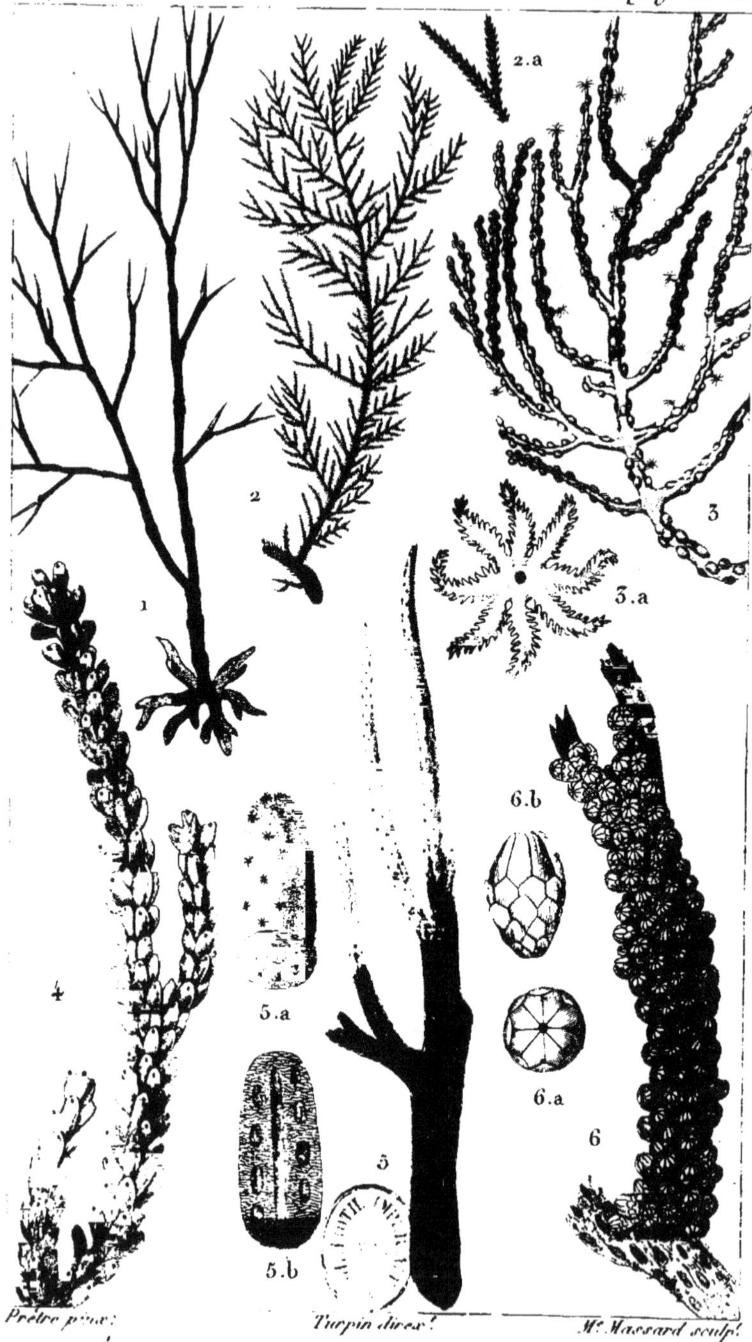

Prêtre pinx. Turpin direx. Mᵉ Massard sculp.

1. MOPSÉE dichotome. 2.2a. ANTIPATHE myriophylle. 3.3a. GORGONE verruqueuse. 4. EUNICÉE à gros mamelons. 5.5a.5b. PLEXAURE liège. 6.6a.6b. PRIMNOA lepadifère.

ZOOLOGIE.

ACTINOZOAIRES. Zoophytaires.

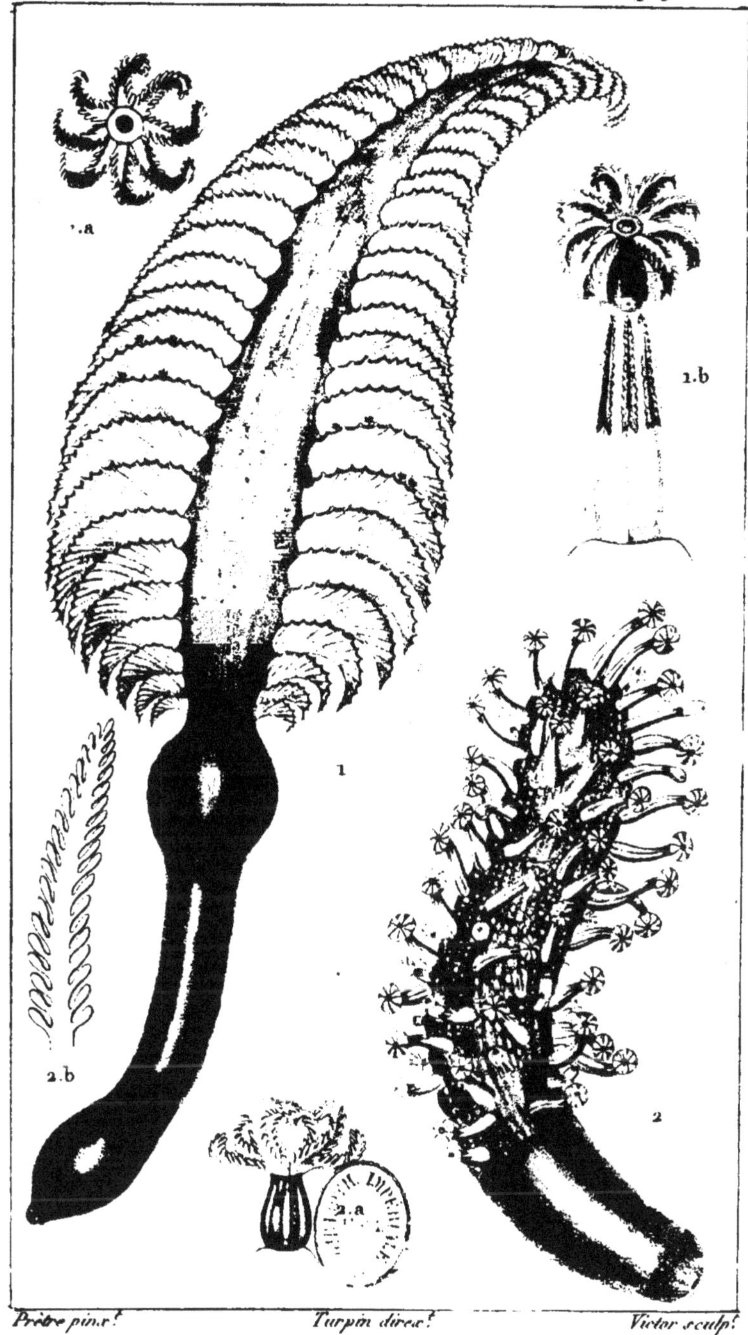

Prêtre pinx! *Turpin direx!* *Victor sculp!*

1. PENNATULE grise. 1. a. *Un de ses polypes de face.* 1. b. *Le même de profil.* 2. 2. a. PEN. cynomoire. 2. b. *Un tentacule grossi.*

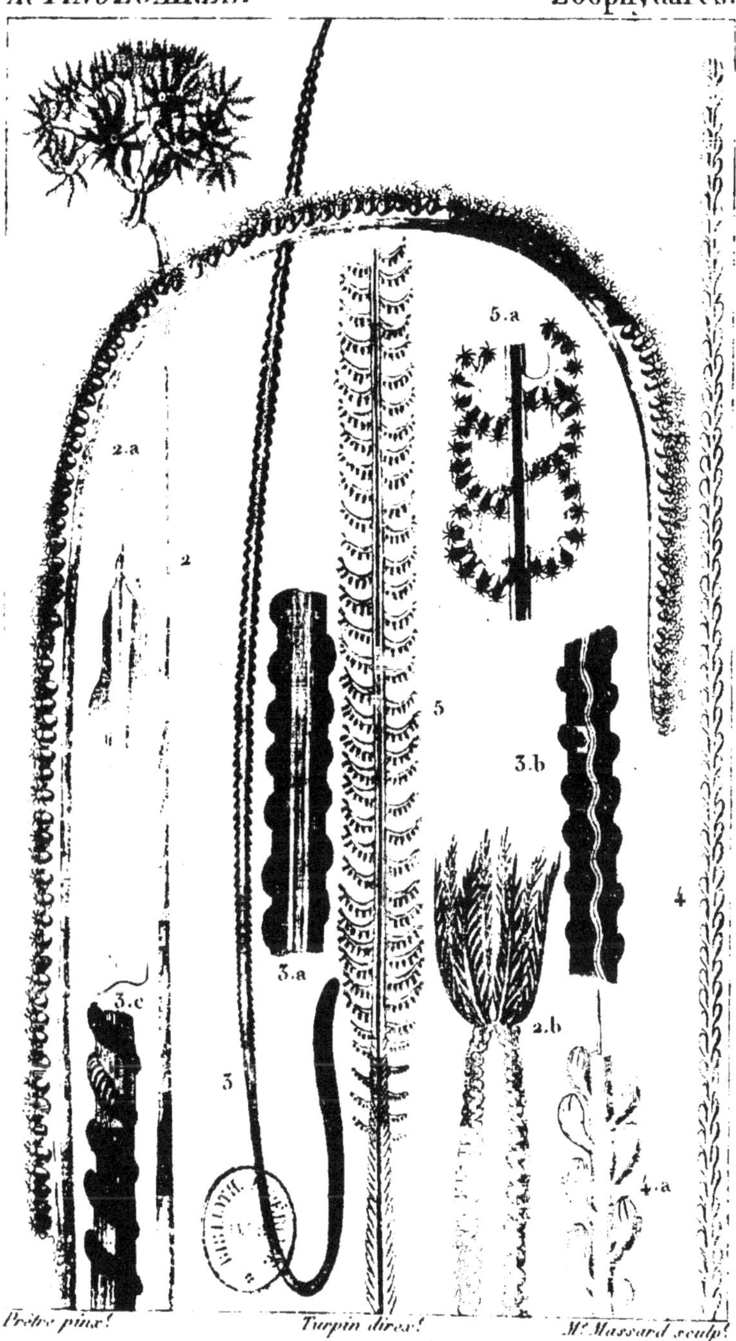

Prêtre pinx. *Turpin direx.* *Mme Massard sculp.*

1. PAVONAIRE quadrangulaire. 2. 2a. 2b. OMBELLULAIRE encrine. 3. 3a. 3b. 3c. VIRGULAIRE juncoïde. 4. 4a. FUNICULINE cylindrique *(Pen. mirabilis. Linn.)* 5. 5a. VIRGULAIRE à ailes lâches. *(Pen. mirabilis. Müller.)*

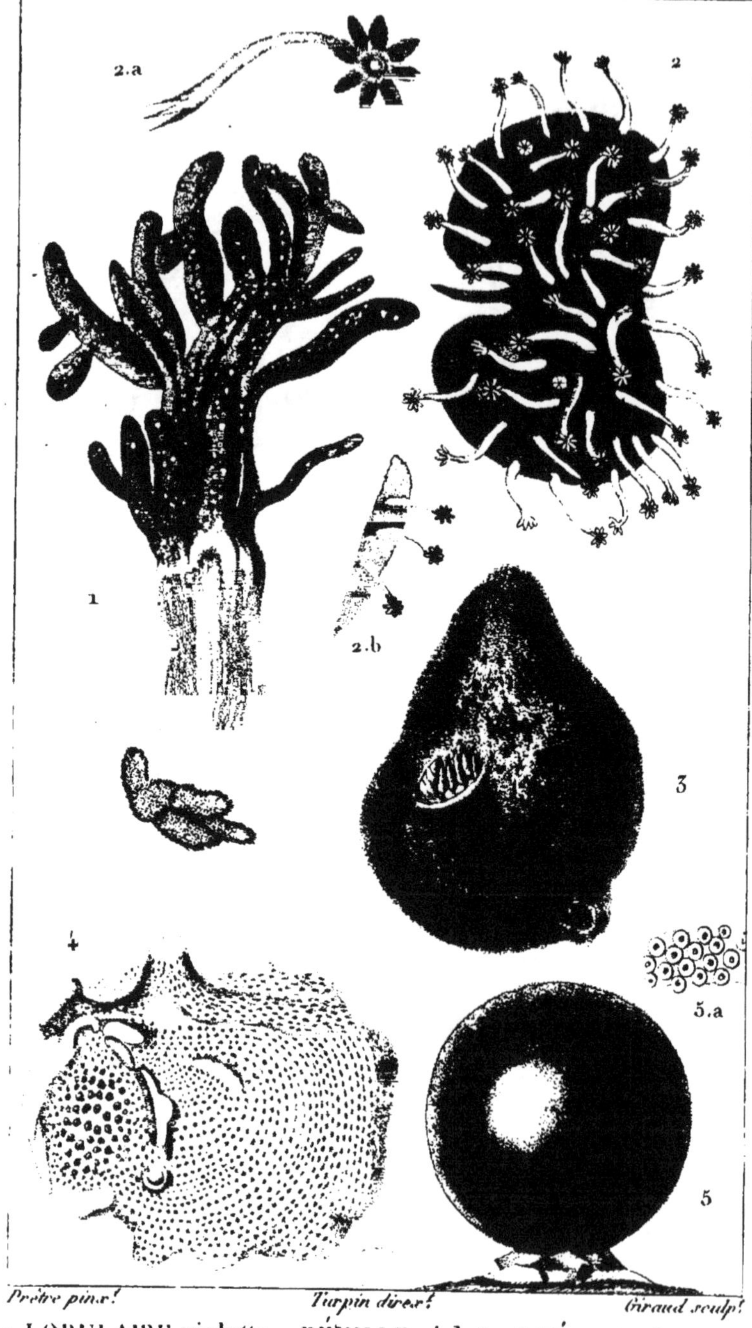

Prêtre pinx.t *Turpin direx.t* *Giraud sculp.t*

1. LOBULAIRE violette. 2. RÉNILLE violette. 3. TÉTHYE Orange. 4. GÉODIE bosselée. 5. LAMARCKIE Bourse. *(Alcyon Bursa Linn.)*

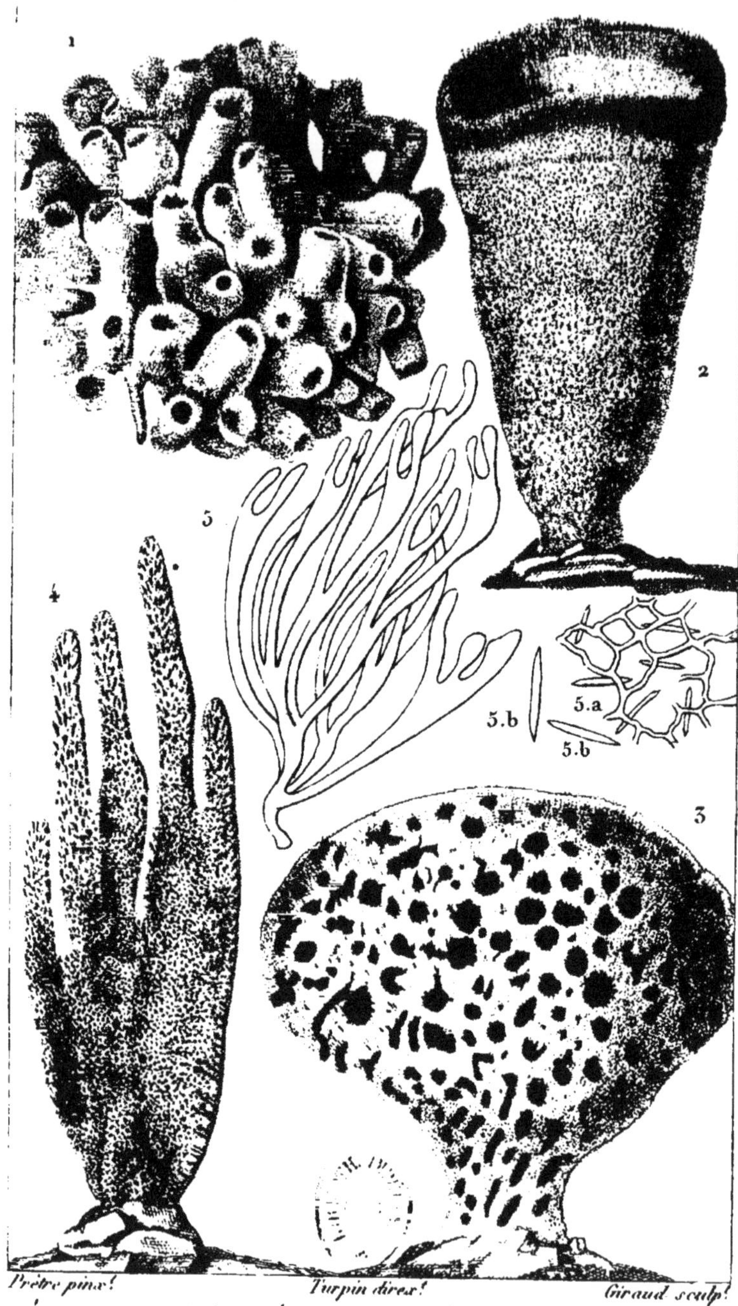

Prêtre pinx! *Turpin direx!* *Giraud sculp!*

1. ÉPONGE bullée. 2. É. creuset. 3. É. vulgaire. 4. É. Main.
5. É. paniforme. 5a. *Sa structure*. 5b. *Acicules*.

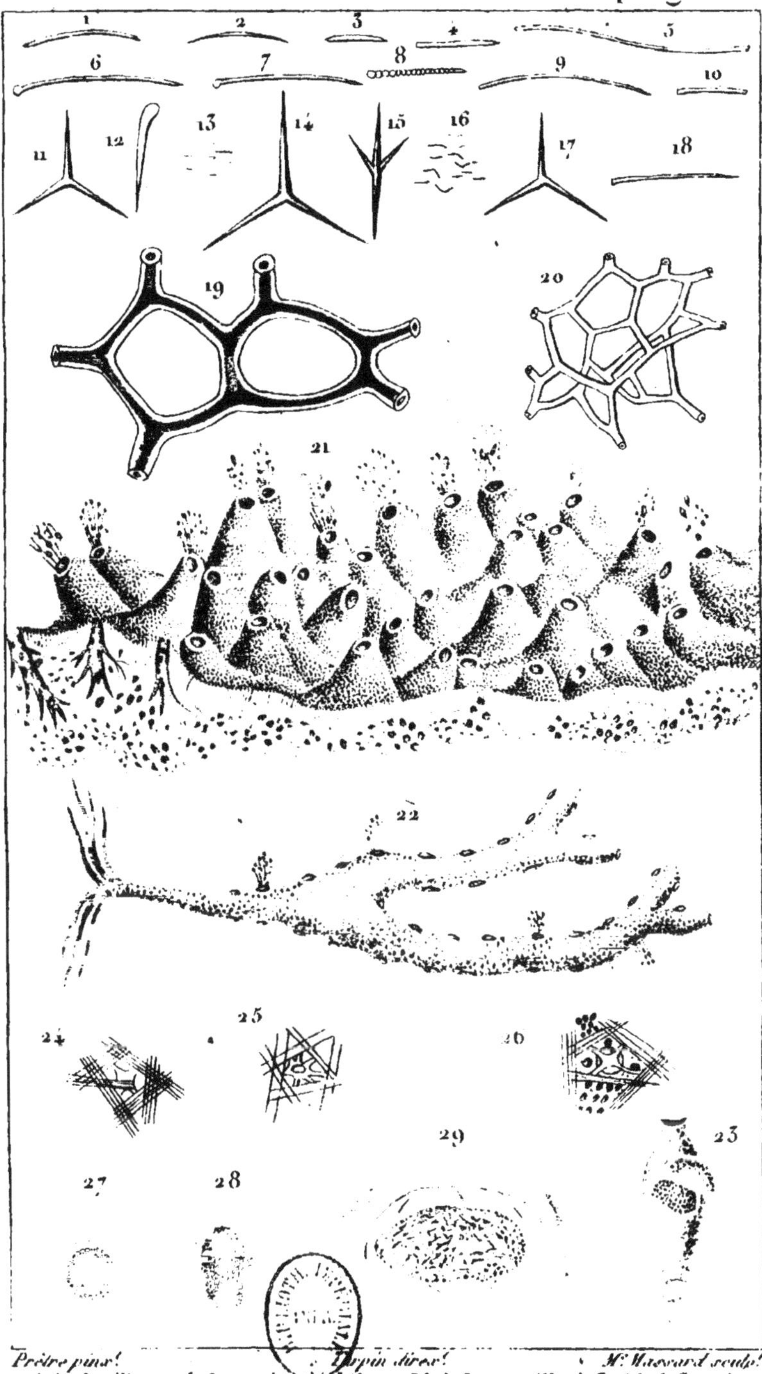

Prêtre pinx! *Turpin direx!* *Mr. Massard sculp!*

1. *Acicule siliceux du* Spongia *friabilis*. 2. *Id. du* Sp. *papillaris*. 3. *Id. du* Sp. *cinerea*. 4. *Id. du* Sp. *panicea*. 5. *Id. du* Sp. *ventilabrum*. 6. *Id. du* Sp. *patera*. 7. *Id. du* Cliona *celata*. 8. *Id. du* Sp. *monile (Grant.)* 9. *Id. du* Sp. *sanguinea (Gr.)* 10. *Id. du* Sp. *fruticosa*. 11. *Acicule calcaire du* Sp. *compressa*. 12. *Id. du même*. 13. *Id. du même*. 14. *Id. du* Sp. *nivea*. 15. *Id. du même*. 16. *Id. du même*. 17. *Id. du* Sp. *coronata*. 18. *Id. du même*. 19. *Fibr. tubuleuse cornées du* Sp. *fistularis*. 20. *Id. du* Sp. *communis*. 21. Sp. *papillaris vivante*. 22. Sp. *oculata vivante*. 23. Sp. *compressa viv.te* 24. *Porule infér. du* Sp. *panicea consid.ment grossi et montrant les faisceaux d'acicules*. 25. *Id. du* Sp. *papillaris*. 26. *Coupe transvers. d'un canal intér. du* Sp. *papillaris montrant des ovules sortans*. 27. *Ovule très grossi du* Sp. *panicea*. 28. *Le même vu de côté*. 29. Sp. *panicea jeune*.

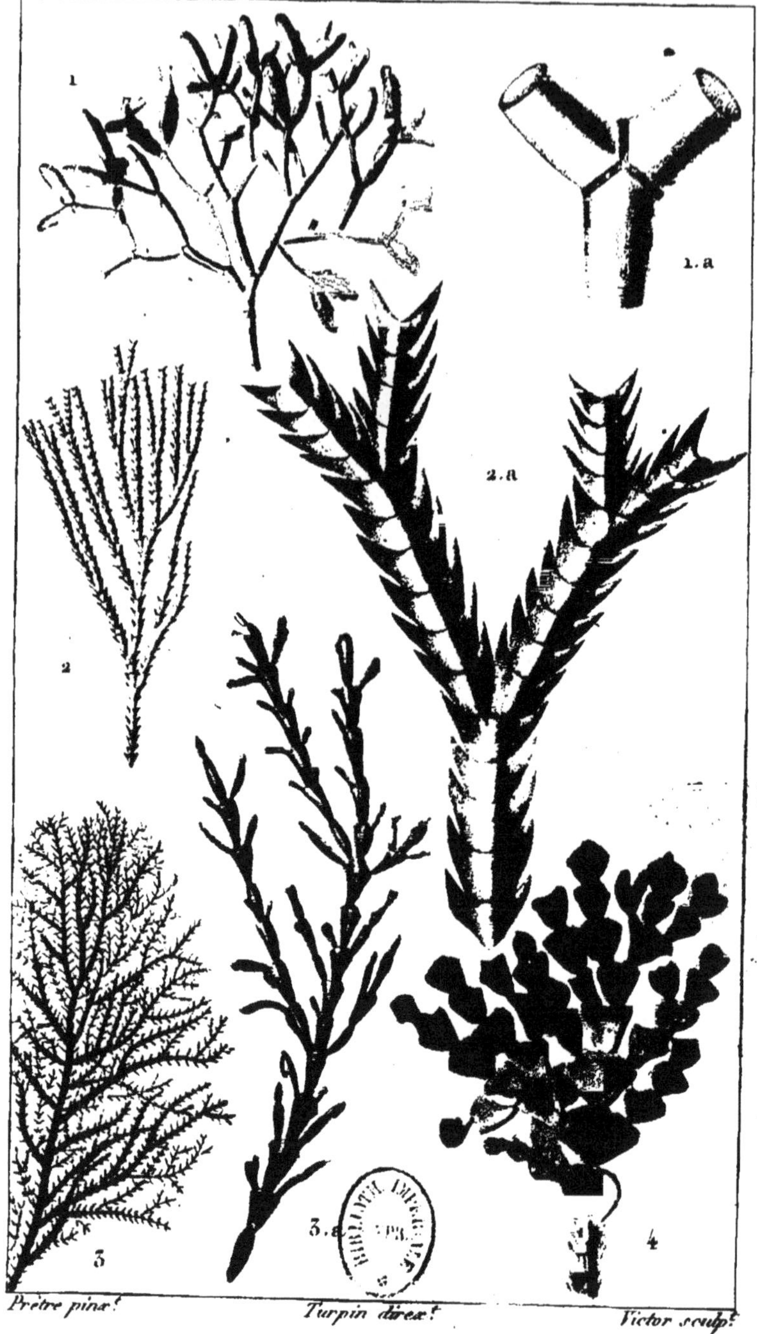

Prêtre pinx. *Turpin direx.* *Victor sculp.*

1.1a. AMPHIROE foliacée. 2.2a. JANIE sagittée.
3.3a. CORALLINE officinale. 4. FLABELLAIRE raquette.

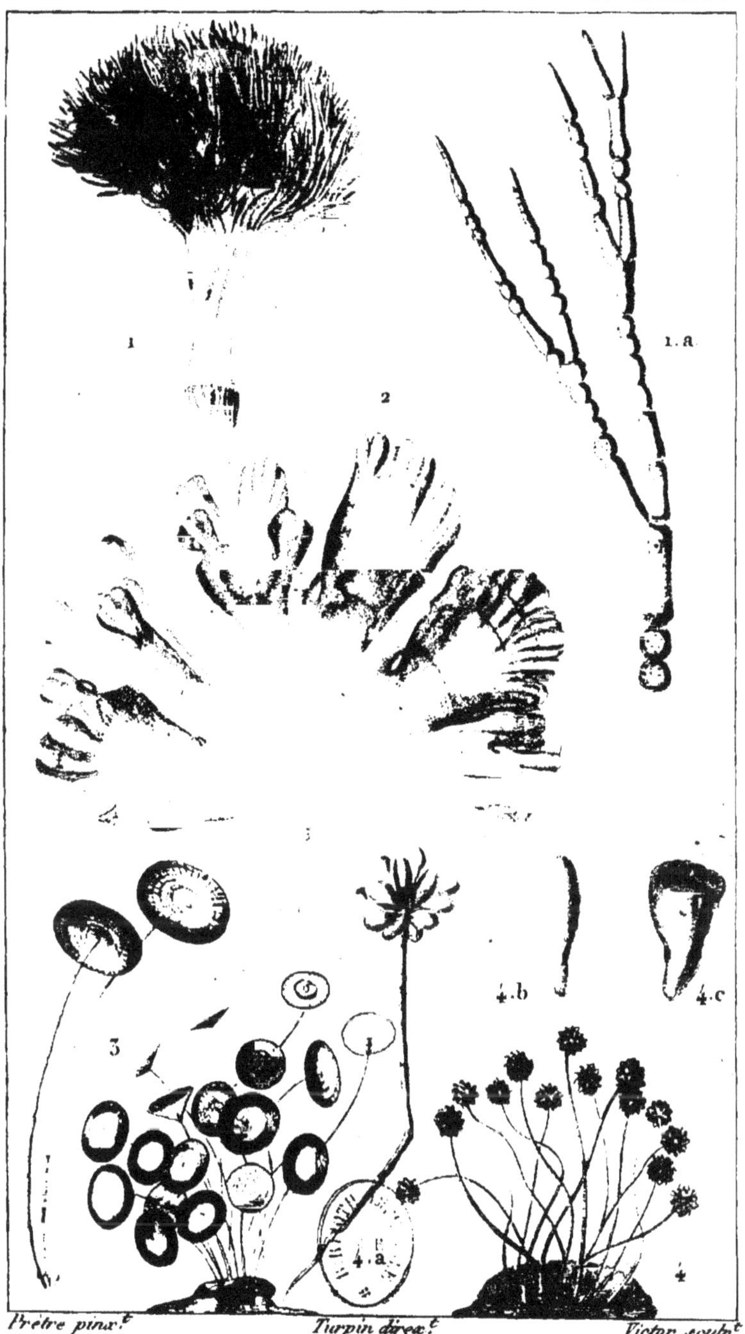

Prêtre pinx.t *Turpin direx.t* *Victor sculp.t*

1.1a. NÉSÉE noduleuse. 2. UDOTÉE flabellée. 3. ACETABULE de la Méditerranée. 4.4a.4b.4c. POLYPHYZE australe.

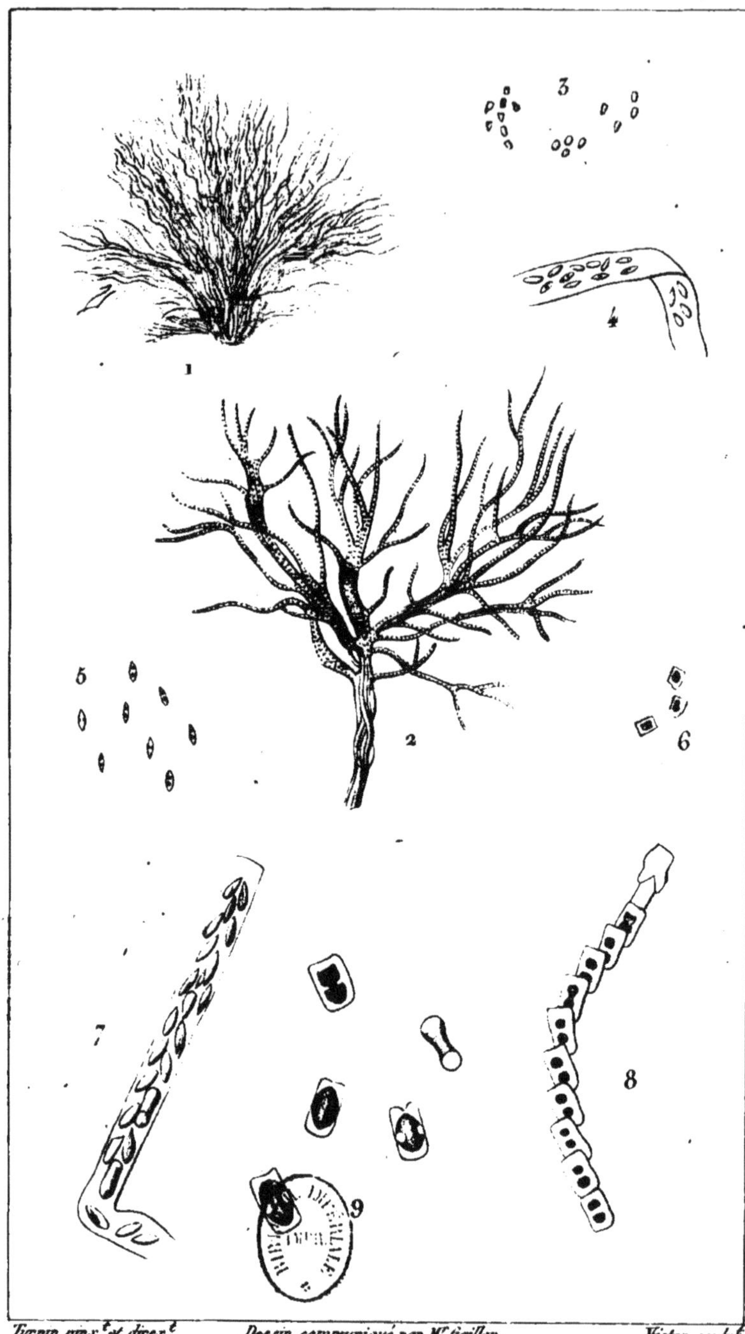

Turpin pinx.t et direx.t Dessin communiqué par M.r Gaillon. Victor sculp.t

GIRODELLA comoides. (Gaillon.)

Conferva comoides. (Dillw.) Vaucheria appendiculata. (DC.)

1. Touffe de filaments, grand nat. 2. Portion de filam.ts grossie. 3. Corpuscules isolés des filam.ts 4. Fragment de filam.t très grossi, où l'on distingue les corpuscules sous forme naviculaire. 5. Navicules voguant librement. 6. Navicules dilatées, stationnaires, chargées de matière pulvisculaire ou frai. 7. Fragment de filam.t avec navicules plus avancées. 8. Navicules dilatées, chargées de matière pulvisculaire colorée retractée en globule. 9. Id. libres dont la matière colorée est épandue diversement dans la membrane.

ZOOLOGIE.

POLYPIERS? *Fossiles.* Objets peu connus.

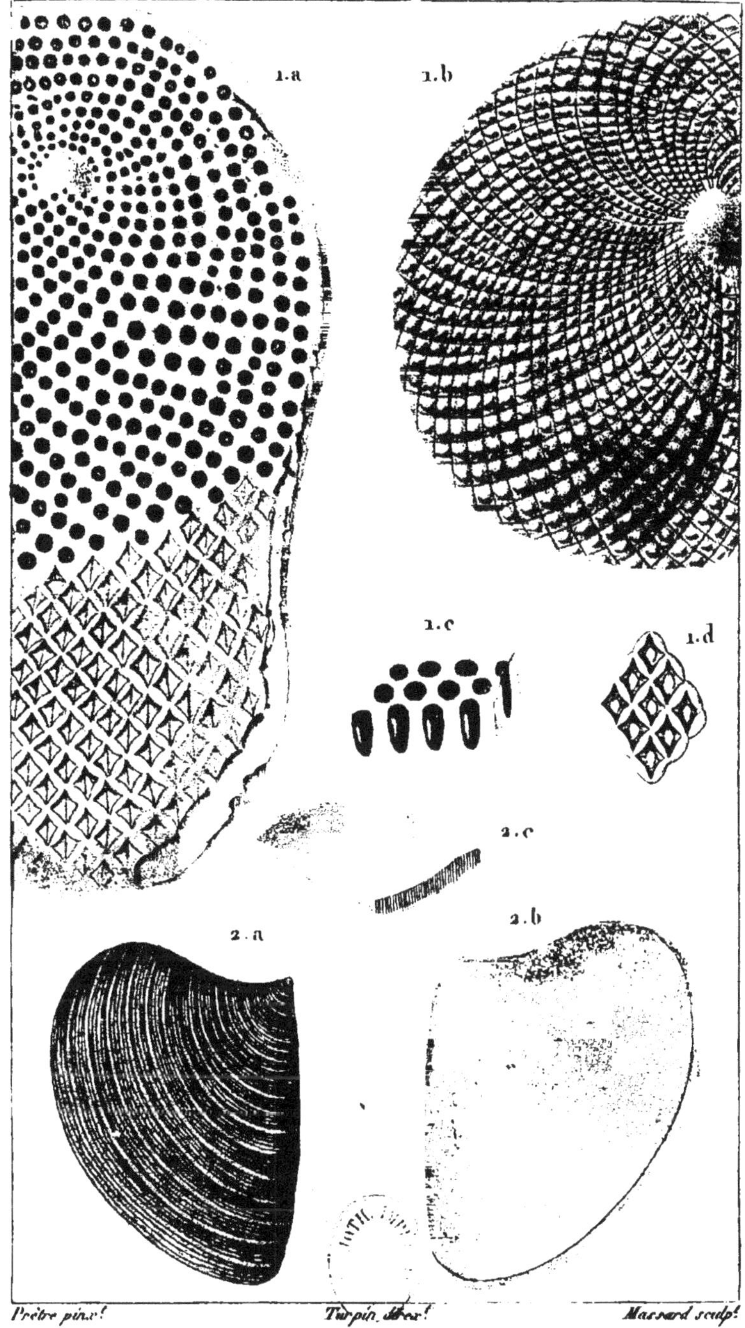

Prêtre pinx. *Turpin direx.* *Massard sculp.*

1.a. RECEPTACULITE de Neptune *(Def.)* 1.b. *Idem. de forme différente.*

1.c. *Id. coupe vue de côté.* 1.d. *Id. morceau vu par dessous.*

2.a. TRIGONELLITE de Parkinson *(Def.)* 2.b. *Id. vue par dessus.* 2.c. *Id. coupée.*

www.ingramcontent.com/pod-product-compliance
Ingram Content Group UK Ltd.
Pitfield, Milton Keynes, MK11 3LW, UK
UKHW021137260726
13994UKWH00001B/190

9 782329 355689